**Éthique et pratique médicale**
*fondée par Richard Moreau*
*Collection dirigée par Roger Teyssou*

La collection « Éthique et pratique médicale » est une tribune qui permet à tous les acteurs du monde de la santé, professionnels, enseignants, administrateurs, économistes et patients d'exposer leurs opinions, de décrire leur expérience et de proposer des solutions aux problèmes posés par une profession en pleine mutation, et ce en toute indépendance et en conformité avec la déontologie et les bonnes pratiques médicales.

**Dernières parutions**

Marc BAUDET, Catherine DAUGAREIL, *Comprendre pour mieux prévenir les maladies cardio-vasculaires. Mieux vaut prévenir que guérir*, 2023.
Padrig MAHE, *Vers un mieux-vivre en EHPAD, Guide pratique pour déployer une Offre d'Activités et d'Animations (OAA)*, 2023.
Jacques MORNAT, *Presque tout sur la médecine en France. Pour mieux comprendre le système de santé*, 2023.
Michel BOURIN, *Faire face au polyhandicap*, 2023.
Dr Pierre MESTOUDJIAN, *La méthode facile pour arrêter de fumer du jour au lendemain, Le nouvel antidote du tabac*, 2023.
Thibaut COUSSENS-BARRE, *La patrimonialisation des collections d'échantillons biologiques*, 2022.
Christian PIROLLI, *Passeur... Par maux et par mots de patients, la parole d'un médecin*, 2022.
Faouzia PERRIN, *L'État et la santé. Quelle finalité à la politique de santé ?*, 2022.
Michel PINGET et Arnaud BUBECK (dir.), *Regards croisés sur le diabète. La maladie chronique : une rupture dans le temps de la vie,* 2022.
Pierre-Luc L'HERMITE, *La preuve médicale au XXI$^{e}$ siècle*, 2022.
Bernard MARROT, *Politique d'organisation du système de santé en France,* 2022.
Patrice COUZIGOU, *Écologie interne et relation soignante, Médecine de la personne et de ses comportements*, 2022.

# Covid-19,
# à l'ombre de la crise

**5-7, rue de l'École-Polytechnique, 75005 Paris**

http://www.editions-harmattan.fr

ISBN : 978-2-336-40771-5
EAN : 9782336407715

Maryse-Gilda Blaquières
Avec la collaboration de Ludovic Michel

# Covid-19, à l'ombre de la crise

## Hôpital, recherche et biotechs au cœur du débat

L'Harmattan

## Du même auteur

« Sang : du simple don à la greffe de moelle », Éditions Frison-Roche, 1999

« Guide des adolescents », Éditions du Seuil, collection Seuil Pratique, 1999 / (traduit en Grec)

« Le sommeil en question », Collection Vivre et Comprendre, Éditions Ellipses, 1999

« Médocs, ce qu'on vous cache », Éditions l'Harmattan, 2015

Maryse-Gilda Blaquières est consultante en communication médicale, journaliste presse médicale, auteur et exerce en *freelance.*

Ludovic Michel est le pseudonyme d'un médecin et chercheur émérite français, ayant collaboré avec les plus grandes universités américaines, britanniques et allemandes. Ses recherches l'ont amené à connaître de l'intérieur l'industrie pharmaceutique et son évolution au cours des dernières décennies. Il a accepté de collaborer à cet ouvrage dans l'espoir de voir régénérer une recherche biomédicale française qui compte de nombreux talents, mais qui est étouffée par les règlements et les combines de toutes sortes....

À la mémoire de mon père…

À Toi… « *Parmi les étoiles admirées, mouillées par des fleuves différents et par la rosée, j'ai seulement choisi l'étoile que j'aimais* (…). », Pablo Neruda

# Avant-propos

La pandémie Covid-19 a mis en évidence, devant l'opinion publique en toute clarté, le fonctionnement des systèmes de santé et singulièrement  la capacité de faire face à des contaminations massives avec les outils disponibles depuis plus d'un siècle à savoir la vaccination et les  mesures de distanciation. On a vu effectivement en quelques mois, se mettre en place des capacités insoupçonnées qui ont abouti fin 2020 à l'apparition sur le marché de vaccins jugés efficaces, en particulier, les vaccins à ARN messager dont la méthodologie était dans les tuyaux depuis une dizaine d'années et qui ont trouvé là, un terrain idéal pour se déployer.

Les Big Pharma, Pfizer en tête, ont pavoisé et prétendu ainsi que leur modèle économique était le bon, car seules capables de fabriquer en masse et de commercialiser ces vaccins... et c'est bien tout... Il règne, une grande confusion médiatique au niveau des différents intervenants et à tous les étages. Une analyse plus approfondie projette une lumière crue sur l'affaissement problématique de l'industrie pharmaceutique et les stratégies hasardeuses conduites depuis des décennies pour maximiser les bénéfices et, dans ce cas précis, tirer profit de la crise alors même que la mise au point des produits a été massivement financée par des fonds publics et a été réalisée par des biotechs, *business model* actuel des Big Pharma.

En parallèle, contrairement aux annonces gouvernementales, loin d'être une « guerre » contre un virus dont la seule arme serait la quarantaine, la bataille a aussi concerné notre propre organisation économique et sociale. C'est, une crise de notre politique de santé, depuis la recherche fondamentale jusqu'à la production où l'industrie pharmaceutique tient une place centrale, mais soigneusement tenue à distance du débat public. Sans omettre, la débâcle de l'hôpital public et de la médecine de ville complètement phagocytés par un impressionnant millefeuille administratif où les soignants submergés et corvéables à souhait ne trouvent plus leur place…

## Première partie

# Le monde doré de Big Pharma

# Innover pour le profit...

# Du profit sans innover...

## 1. Covid-19 : la poule aux œufs d'or

Jamais on n'aura mis si peu de temps pour trouver un vaccin... Et pourtant, les grands laboratoires pharmaceutiques qui se vantent d'avoir sauvé le monde ont beaucoup et longtemps traîné des pieds avant de se lancer... Une fois les fonds publics garantis et avec la complicité des dirigeants des grandes puissances occidentales et particulièrement des USA, qui s'en sont remis à eux, les Big Pharma ont réussi à s'accaparer la réussite scientifique majeure de la période : le défi de développer et de commercialiser un vaccin en quelques mois...

En réalité, le rôle des multinationales a été beaucoup plus limité, elles n'y sont pas pour autant que ce qu'elles le prétendent... Au début de 2020, avant que l'épidémie née en Chine ne se transforme en pandémie, les principaux producteurs de vaccins : Merck, GSK (GlaxoSmithKline), Sanofi et Pfizer ne se mobilisent pas massivement, car, depuis des années, ces dinosaures, rechignent à s'engager sur des segments de marché jugés trop peu rentables. Avec l'émergence des nouveaux coronavirus au début de ce siècle, les recherches publiques se sont multipliées, mais les groupes privés les ont snobées à toutes les étapes... En 2003, le virus du SRAS-CoV a provoqué une épidémie se traduisant par de graves problèmes respiratoires en Chine et s'est ensuite propagé au Vietnam, à Singapour, au Canada et aux Philippines, au Royaume-Uni ou encore aux États-Unis. Sept cas probables ont été identifiés en France, dont un est décédé. En 2012, le MERS-CoV, un autre coronavirus a provoqué des alertes du même type en Arabie Saoudite. Le monde avait donc déjà traversé des alertes similaires à celle du Covid-19. Les taux de mortalité étaient élevés et il existait un risque important qu'ils provoquent à nouveau des ravages. Il y avait nécessairement un besoin urgent de traitements et de vaccins pour les prévenir. Dix-sept ans plus tard, au début de cette pandémie, nul ne disposait de vaccins ni de traitement éventuel pour les maladies provoquées par la Covid-19. Les entreprises pharmaceutiques n'avaient que six études cliniques en cours pour développer traitements ou vaccins, toutes les six dépendant partiellement de fonds publics. En fait, les Big Pharma ne développent que des traitements qui rapportent et pour les malades qui peuvent les payer… Elles se consacrent majoritairement à recycler de vieilles molécules rentables en les repositionnant sur les maladies rares ou des pathologies lourdes et chroniques comme le cancer ou le diabète dont le traitement peut s'étaler sur plusieurs années. Les maladies infectieuses, avec les antibiotiques qui soignent ou les vaccins qui préviennent, ne sont pas considérés comme lucratifs. Et donc, s'ils ne sont pas suffisamment rentables, les besoins en santé publique sont ignorés. En fait, sur le moment, on sait peu de choses sur le virus qui provoquera une épidémie et le lieu où elle apparaîtra et comme c'est généralement dans les pays pauvres, il n'y a aucun intérêt commercial. Pourtant, les pouvoirs publics ont essayé d'amener les Big Pharma à s'intéresser davantage aux maladies qu'elles laissent pour compte. En 2015, l'OMS (Organisation mondiale de la santé) a établi une liste des agents pathogènes pour lesquels des recherches devaient être menées. Ces derniers avaient été sélectionnés comme étant les plus susceptibles de provoquer de graves épidémies dans un avenir proche. Sur cette liste figurent le SARS-CoV et le MERS-CoV. Les Nations-Unies ont aussi récemment lancé un avertissement tout aussi grave. L'initiative n'a pas été couronnée de succès, les grandes entreprises pharmaceutiques n'étant guère intéressées au développement de vaccins ou d'antibiotiques et d'antiviraux jusqu'à ce que la dernière pandémie leur offre l'occasion de récolter des fonds publics et de réaliser des bénéfices massifs avec un risque minimal. Avec la Covid-19, les gouvernements ont éliminé de nombreux risques qui souvent dissuadent l'industrie pharmaceutique d'investir dans les vaccins. En finançant la recherche, en parrainant les essais cliniques et en éliminant toute responsabilité pour les firmes, les contribuables américains par exemple, ont largement subventionné la recherche d'un vaccin anti-Covid-19. Les incitations généreuses du gouvernement état-sunien, entre autres, ont transformé la pandémie en une opportunité commerciale hors du commun. C'est ainsi que les contribuables américains avaient déjà investi plus de 700 millions de dollars dans la recherche publique sur les coronavirus et vaccins depuis l'apparition du SRAS en 2003. Depuis l'épidémie de Covid-19, le Congrès a alloué 1,8 milliard de dollars aux NIH (*National Institutes for Health*) pour la recherche sur le coronavirus. Mais les firmes privées ne resteront impliquées que s'il y a de l'argent à gagner. Effectivement, antibiotiques et antiviraux sont généralement prescrits sur de courtes périodes et ne génèrent donc pas des ventes massives. Outre le dépistage, la deuxième arme essentielle est celle du médicament qui permettrait de guérir la Covid-19. Au total, cela fait presque deux ans que la pandémie bouscule l'ordre et l'économie du monde et celles des citoyens...mais on n'a jamais oublié les actionnaires et si les vaccins peuvent attendre, pas les dividendes : les trois géants Pfizer AstraZeneca, et Johnson&Johnson ont à eux seuls, distribué 21,4 milliards d'euros en dividendes et en rachats d'actions en 2020.

Effectivement, au cours des cinquante dernières années, l'industrie pharmaceutique a progressivement abandonné le développement de vaccins pour ne se consacrer qu'aux médicaments liés au mode de vie et aux traitements des maladies rares ou chroniques, faisant l'objet d'une demande constante et donc lucratifs. En 2018, seulement 1% des dépenses de R&D (recherche et développement) de l'industrie pharmaceutique mondiale étaient consacrés aux maladies infectieuses émergentes, selon la Fondation pour l'accès aux médicaments. En fait, les firmes pharmaceutiques ont toujours privilégié les investisseurs en promouvant des programmes de vaccins lors d'épidémies puis en les abandonnant discrètement après. Malgré une épidémie qui sévit depuis un moment en République du Congo, le fabricant britannique GlaxoSmithKline (GSK) a récemment renoncé à ses efforts pour développer un vaccin contre le virus Ebola. Il a confié ses recherches à un laboratoire à but non lucratif. Le virus Ebola est mortel, mais relativement rare dans le monde et le marché est trop petit pour générer des profits importants. Idem en 2017, le leader français Sanofi s'est retiré d'un partenariat avec l'armée américaine pour développer un vaccin contre le virus Zika transmis par les moustiques.

Le modèle économique des Big Pharma consiste à maximiser la valeur actionnariale et repose sur des rendements à court terme. Il y a donc peu ou pas de gains pour les actionnaires lorsque les firmes investissent dans le développement de vaccins. Certaines sociétés déclarent même perdre de l'argent sur les programmes de vaccins contre le virus Ebola ou le SRAS.

*Alors, comment le temps nécessaire à la mise au point d'un vaccin contre la Covid-19 a-t-il pu être divisé par quatre ou cinq ?* Cette prouesse scientifique a été possible grâce aux travaux menés depuis des dizaines d'années dans les laboratoires de recherche publics et les start-up qui en sont éventuellement issues. On ne partait pas de zéro, ni avec le coronavirus, ni avec les produits à base d'ARNmessager et grâce à des financements publics massifs et à des procédures d'accréditation et de logistique accélérées…nos Big Pharma ont flairé la bonne affaire. Les groupes pharmaceutiques grands bénéficiaires de ces financements publics se sont approprié la fabrication de ces vaccins en déposant des brevets qui leur garantissaient le monopole sur la production.

Décriés depuis des années pour leur modèle économique, les géants pharmaceutiques américains et européens réussissent donc à sortir la tête haute à la faveur de la crise sanitaire mondiale. L'ennui, c'est qu'en vérité, ils n'y sont pas pour grand-chose ou pour autant qu'ils le prétendent… Mais la pandémie de Covid-19 est l'opportunité d'un marché rentable, ce virus pouvant devenir saisonnier et endémique, susceptible de donner lieu à des campagnes de vaccination récurrentes.

## 2. Un peu d'histoire...

À partir des années 1940/1950, l'industrie pharmaceutique a connu une croissance très forte qui s'est stabilisée à la fin du siècle dernier. L'industrialisation de la pharmacie a commencé dans les années 1940, avec l'introduction généralisée des antibiotiques, premiers médicaments de masse. Il faut savoir qu'avant les années 1930, on ne disposait de médicaments efficaces que pour sept maladies. Au regard de l'extension rapide des marchés, les petites entreprises nationales se sont ouvertes aux marchés internationaux et se sont progressivement converties en grandes multinationales aux bénéfices exorbitants. Grâce aux progrès de la recherche fondamentale conduite essentiellement dans le secteur public, mais aussi à des investissements importants en recherche et développement, le secteur pharmaceutique tente alors de diversifier les cibles de ses activités en essayant de trouver des traitements à toutes sortes de maladies. La seconde partie du 20e siècle a été dominée par la découverte des médicaments *blockbusters* susceptibles de traiter une large population. C'est, par exemple, le cas des statines contre le cholestérol, des bêta-bloquants en cardiologie, des antirétroviraux pour le VIH, ou encore des inhibiteurs de la pompe à protons en gastroentérologie et des neuroleptiques en psychiatrie… Des milliers de médicaments de classes thérapeutiques diverses ont été ainsi mis au point et commercialisés. Mais, à partir des années 1980, l'industrie pharmaceutique semble avoir parcouru, ou survolé, les principales pistes de recherches possibles. L'innovation thérapeutique s'essouffle progressivement, l'éventail des médicaments découverts au cours des décennies passées, ciblant déjà la majorité des maladies existantes. Les médicaments mis sur le marché sont de moins en moins révolutionnaires et/ou plutôt orientés vers des besoins de moins en moins thérapeutiques. Une nouvelle génération de médicaments fait son apparition : les médicaments dits de bien-être ou de confort, chargés d'améliorer la qualité de vie et de réduire les problèmes quotidiens comme l'obésité, l'impuissance, la calvitie, l'état grippal, l'apathie… Le rythme d'innovations devient de plus en plus faible, et la recherche pharmaceutique de plus en plus complexe et onéreuse en raison du durcissement progressif des réglementations pour chacune des étapes du cycle de vie du médicament participe à l'augmentation des coûts en recherche et développement.

Un encadrement plus strict de la recherche, un nombre d'innovations majeures en net recul, l'arrivée à échéance de nombreux brevets grâce auxquels l'industrie pharmaceutique a pu engendrer de somptueux bénéfices ont alors poussé cette dernière à développer de nouvelles stratégies pour passer ce cap. Parallèlement, les directions des majors, longtemps assurées par des médecins et des pharmaciens, sont progressivement prises en main par de purs financiers. Alors qu'elle était dominée par des conglomérats issus de la chimie, ces modèles et organisations sont bouleversés par la systématisation des essais cliniques et des critères bénéfices-risques pour obtenir l'autorisation de mise sur le marché (AMM). Le coût de la recherche tend à croître rendant de moins en moins rentables certains domaines thérapeutiques dont le marché est de petite taille. Au début de ce siècle, tenant compte des progrès de la recherche fondamentale en biologie,  et afin de redresser la situation et de relancer l'innovation, une nouvelle organisation de la recherche thérapeutique se met en place aux États-Unis, les laboratoires pharmaceutiques se tournent vers le marché des biotechnologies appliquées à la santé. Ces biotechnologies résultent du mariage de la pharmacologie et d'un ensemble de techniques nouvelles issues d'autres disciplines comme la microbiologie, la biochimie, la biophysique, la biologie cellulaire et moléculaire, l'informatique, etc. Les biotechnologies et la génomique doivent permettre une rationalisation des innovations par l'utilisation directe des connaissances de biologie cellulaire et moléculaire et de génétique pour découvrir comment les molécules chimiques agissent avec leur cible, et éventuellement d'en déduire l'existence de nouvelles cibles. Dans le domaine de la santé, ce potentiel scientifique, technologique et thérapeutique paraît exceptionnel et, bien sûr, sur le plan économique aussi. Les résultats des découvertes biotechnologiques ont conduit à de nouveaux tests de diagnostic, produits pharmaceutiques et traitements médicaux pour de nombreuses maladies allant du diabète, au dépistage moléculaire de la tuberculose, etc. À l'image de tous les secteurs de l'économie capitaliste, l'industrie pharmaceutique n'a bien évidemment, pas échappé aux transformations influencées par la finance avec objectif de création de valeur pour les actionnaires. La valeur pour l'actionnaire est promue par les investisseurs institutionnels : fonds de pension, fonds mutuels, etc., et par les managers qui orientent la stratégie des firmes pour maximiser les cours de la Bourse et la rentabilité financière. Elle implique un relèvement des exigences de rentabilité qui a eu de nombreux effets sur la stratégie des firmes. Ce changement, contemporain d'évolutions réglementaires aux États-Unis, permet une brevetabilité plus importante des produits biologiques et des travaux des universités. Pour découvrir de nouveaux produits, les firmes ont donc été amenées à nouer des alliances avec et/ou à racheter des sociétés de biotechnologies. Enfin, l'adoption des normes de la valeur pour l'actionnaire a aussi initié ce changement de modèle des Big Pharma. Elles incitent à un recentrage sur une seule activité ou à l'externalisation sur les activités les plus rentables et à la redistribution des profits aux actionnaires sous forme de dividendes ou de rachat d'actions et à la mise en place de rémunérations attractives (*stock-options*) pour faire croître le cours de la Bourse et *aligner les intérêts des managers sur celui des actionnaires.* À partir des années 1980, par fusions et acquisitions, ces futurs monstres financiers se sont peu à peu séparés des groupes chimiques fondateurs et sont devenus toujours plus gros, présents dans toujours plus de pays et toujours en position de force par rapport aux gouvernements. Le secteur pharmaceutique est parmi ceux qui affichent les opérations boursières les plus pharaoniques, comme le rachat par Pfizer de Wyeth pour 70 milliards de dollars en 2009 ou de Pharmacia Corp pour 59 milliards de dollars en 2003. Entre 2014 et 2016, le montant annuel des fusions-acquisitions du secteur pharmaceutique a ainsi atteint le niveau record de 200 milliards de dollars, même si de nos jours, *nous n'en sommes plus tant au rapprochement entre grands labos qu'au rachat de start-up de biotechnologies.*

## 3. La grande époque des *blockbusters*

La confluence des exigences pour l'actionnaire, du développement des biotechnologies et de la régulation du secteur ont donc incité les multinationales à adopter majoritairement le modèle dit *blockbuster* dans les années 1990, fondé sur le marketing et privilégiant la distribution de dividendes. Elles se sont alors recentrées sur la pharmacie et notamment sur les domaines thérapeutiques les plus rentables. Cette stratégie a été impulsée en premier par les firmes anglo-saxonnes comme GSK (GlaxoSmithKline) ou Pfizer. Le *blockbuster* est un médicament de prescription protégé par un brevet et générant plus d'un milliard de dollars de chiffre d'affaires par an. Ces produits sont stratégiques, car ils permettent de couvrir les frais en R&D (Recherche et développement) et les coûts engagés, l'augmentation des volumes produits permettant de faire baisser le coût unitaire et donc de maximiser le profit. Pour se perpétuer, le modèle *blockbuster* s'est appuyé sur quatre leviers : protection des innovations par des brevets permettant de bénéficier du monopole exclusif sur le produit ; innovation permanente afin de renouveler régulièrement le stock de molécules à l'origine de profits ; techniques de vente agressives afin d'écouler le maximum de médicaments sur la période pendant laquelle les brevets les protègent. Le tout allié à la bienveillance des organismes de régulation de la politique du médicament. Pour générer de gros volumes, les firmes ont privilégié les marchés de masse des pays riches impliquant de cibler leurs domaines thérapeutiques et de délaisser les maladies ne touchant que les pays en développement. Certains laboratoires ont même fermé des centres de recherche ou les ont revendus à des concurrents de manière à concentrer leurs ressources sur les axes prioritaires. Cette stratégie suppose aussi d'augmenter très fortement les dépenses de marketing dont la publicité visant le consommateur ainsi que le nombre de visiteurs médicaux pour inciter les médecins à prescrire. Ainsi les budgets marketing représentaient en général entre une fois et demie et deux fois les budgets en recherche et développement. Pour faire baisser les coûts de recherche et développement (R&D), les Big Pharma ont commencé au milieu des années 1990 à externaliser de plus en plus la recherche préclinique et les essais cliniques. Ce mouvement s'est traduit par la cession des activités pharmaceutiques, des fermetures de sites et une forte concentration. Les anciens conglomérats furent découpés et restructurés et leurs activités pharmaceutiques fusionnées avec celle de concurrents. En adoptant ce modèle, l'objectif des firmes était officiellement de créer de la valeur pour l'actionnaire. La focalisation sur les *blockbusters* et le marché américain permettait de faire croître les ventes et le profit rapidement, tandis que le recentrage sur le cœur de métier de l'industrie facilitait l'évaluation par les analystes financiers conseillant les investisseurs institutionnels et évaluant le résultat des entreprises et leur portefeuille de molécules en développement (*pipeline*). Mais cette focalisation a eu un revers : les firmes sont devenues de plus en plus dépendantes des *blockbusters* et des cours de la Bourse. Lorsqu'un ou deux produits d'un groupe sont de futurs *blockbusters*, l'entreprise voit son cours en bourse augmenter et elle peut envisager d'acquérir des concurrents et de faire grandir son *pipeline* de molécules et de brevets. Mais si le *pipeline* est mal évalué ou si le brevet d'un *blockbuster* est sur le point de tomber, les analystes financiers anticipent une chute des ventes et des profits, le cours des actions diminue et l'entreprise devient une proie pour ses concurrents : les baisses de chiffre d'affaires incitant les firmes à acquérir leurs challengeurs par l'intermédiaire de fusions et acquisitions. Ainsi, dans les années 1990 et 2000, le secteur a été soumis à des mouvements de fusions et de prises de contrôle hostiles très réguliers, nécessaires pour renouveler leurs *pipelines* et les *blockbusters*. Outre les fusions de laboratoires, pour maintenir la courbe des bénéfices, tous les moyens sont bons : redéfinition des maladies par l'effet potentiel des médicaments (c'est l'effet du psychotrope qui définit la maladie mentale et non l'inverse), créer de nouvelles maladies (l'andropause permet de vendre plus cher des hormones masculines qui ne coûtent rien), se concentrer sur les maladies des populations solvables, faire baisser les coûts des essais cliniques en les réalisant dans les pays en voie de développement, stimuler les médecins à prescrire, augmenter le prix des médicaments, ou encore ajout de nouvelles indications aux brevets déposés : un médicament destiné à soigner un cancer du sein pourra aussi bien être utilisé pour soigner un problème d'estomac. Les brevets viennent aussi à la rescousse comme une planche de secours : il ne s'agit plus de garantir les conditions de l'innovation, mais de maintenir les profits dans une phase de stagnation.

Ce modèle de médicaments phares comme le Prozac® (*fluoxétine*) ou le Viagra® (*sildénafil*), protégés par des brevets et pour lesquels le chiffre d'affaires mondial est supérieur à un milliard de dollars et d'autres, qui ont permis majoritairement de vivre plus longtemps et en meilleure santé avec une maladie chronique : diabète, cholestérol, insuffisance cardiaque, a bien fonctionné pour les actionnaires des années 1990 au milieu des années 2000. Mais, les *blockbusters* ont connu une expiration massive de leurs brevets dans les années 2010, appelée « falaise des brevets ». Le développement des *médicaments génériques* les a alors fortement concurrencés. Face à une phase de rendements décroissants de l'innovation, de perte progressive de leurs brevets, de coûts en recherche et développement en augmentation continuelle, avec un nombre d'AMM (Autorisation de mise sur le marché) de nouvelles entités moléculaires en plein déclin, la stratégie traditionnelle des firmes consistant à faire de gros paris sur peu de molécules en assurant lourdement leur promotion pour en faire des *blockbusters*, s'est essoufflée provoquant de considérables baisses de chiffre d'affaires. En 2007, la FDA n'a approuvé que 19 nouvelles molécules. De plus, c'était le plus souvent des *me too*, autrement dit la création d'un nouveau médicament en apportant une légère modification à une molécule déjà existante sans véritable valeur thérapeutique additionnelle, mais en assurant qu'elle est meilleure et pour laquelle le prix est majoré de 20 à 40 % par rapport au médicament précédent. Ce n'est que de la pure copie : mère, fille, nièce, cousine, dans les faits, c'est toujours la même molécule et elle n'apporte rien de plus, mais représente moins de risques. Dans les études supposées prouver qu'elle apporte du neuf, l'industrie prend bien garde de ne pas comparer les cousines entre elles, mais plutôt à un placébo. Le succès d'un nouveau médicament repose donc, moins sur la valeur thérapeutique que sur la capacité des compagnies à mettre en place de larges campagnes promotionnelles auprès des médecins pour faire prescrire les médicaments auprès du plus grand nombre. Pour obtenir une AMM, les laboratoires sont donc arrivés à ne plus chercher à faire mieux, mais à faire aussi bien. Cette nouvelle molécule originale peut, par contre, bénéficier d'un nouveau brevet et est ainsi protégée sur le marché, personne d'autre n'a le droit de la fabriquer pendant la durée du brevet. Le succès des campagnes promotionnelles détermine alors si le nouveau médicament deviendra le *blockbuster* de sa catégorie. Malgré l'absence de données probantes sur la meilleure efficacité thérapeutique de ces nouveaux médicaments, les régimes d'assurance maladie acceptent de les rembourser sans trop de difficultés. Face aux critiques portant sur les *me too*, l'industrie a développé un lobbying important visant à défendre l'importance de ce type d'innovation, reconnaissance à peine voilée de la pratique et des difficultés à innover. Mais, progressivement, la supériorité clinique face à un placébo n'étant plus suffisante, les firmes devaient démontrer la valeur pharmacoéconomique du nouveau médicament pour qu'il puisse être remboursé. Ce problème a été amplifié par les exigences accrues des agences du médicament, devenant plus sévères face aux effets secondaires, suite à plusieurs scandales retentissants comme celui du Mediator® (*benfluorex*), au tournant des années 2010. Les firmes ont alors investi massivement dans les biotechnologies, pensant renouveler leur *pipeline*, mais le nombre de produits issus de ces technologies n'a pas été suffisant pour compenser la baisse de productivité. De plus, les organismes de régulation, soumis à une forte contrainte budgétaire, ont encouragé le développement des médicaments génériques en simplifiant les procédures de dépôt d'AMM et la mise en place de prix de référence ainsi que des incitations pour les médecins, pharmaciens et patients à prescrire ou à consommer des génériques. La concurrence des génériques et le contrôle plus ardu des prix et remboursements dus aux déficits publics se sont ajoutés au problème. L'industrie des génériques devient alors une force politique organisée qui conteste vivement les pratiques des Big Pharma. Face à cette crise des *blockbusters*, et à l'incapacité de trouver des solutions industrielles, les pharmas ont modifié leur stratégie et outre les traditionnels licenciements et restructurations pour diminuer les coûts, elles ont choisi de se rediversifier et d'essayer de contrer les génériques en ciblant de nouveaux marchés. Leur but : éviter les effets de la concurrence avec les entreprises spécialistes de génériques, essentiellement celle des pays émergents où le marché des génériques est alors en forte croissance. Certaines firmes ont adapté leur modèle pour pénétrer ce marché et celui des vaccins grâce à des fusions et acquisitions ou par le développement d' « autogénériques ». Mais ce modèle, destiné à essayer de protéger leurs profits et à atténuer les conséquences rencontrées sur le marché des princeps, n'a pas réussi à combler les défaillances du modèle des *blockbusters*. En effet, sans contrepartie ni contrôle, les brevets ont constitué un chèque en blanc pour l'industrie qui a rapidement augmenté ses dépenses de promotion jusqu'à ce qu'elles dépassent les dépenses de recherche et développement et s'est révélé inefficace, car les firmes ne réussissaient plus à maintenir un niveau de croissance suffisant pour garantir leur propre survie et à combler les besoins en médicaments nouveaux pour certaines pathologies. Le modèle générique, insuffisamment rentable, n'a finalement été qu'une solution transitoire.

## 4. Des *blockbusters* aux *nichebusters*

La fin du 20$^{e}$ siècle et le début du 21$^{e}$ ont vu apparaître un nouveau « virage » dans l'innovation thérapeutique avec l'arrivée des médicaments biologiques et des thérapies géniques. Ces spécialités, dont les indications et le maniement sont plus délicats que pour les molécules chimiques, sont dispensées majoritairement à l'hôpital pour des populations réduites. Ce changement de paradigme de l'innovation thérapeutique intervient également dans un contexte économique et social qui se durcit et de fortes contraintes budgétaires, de compétition pharmaceutique internationale et de militantisme des patients devenus acteurs de leur santé et/ou pathologie.

En 2012, la forte augmentation du nombre d'AMM accordées pour de nouvelles molécules majoritairement issues des biotechnologies semblait illustrer le retour d'un modèle de *blockbusters*, centré cette fois sur les biotechnologies et la génomique via une médecine personnalisée incorporant éventuellement le profil génétique des patients. Ce nouveau *business model* vise entre autres des maladies rares et différentes formes de cancer. En se concentrant sur ces marchés spécialisés ciblant les seuls patients réceptifs parmi ceux présentant les mêmes signes cliniques et pour lesquels il n'existe pas de traitement établi, les firmes peuvent exiger des prix plus élevés que pour les marchés déjà saturés des médicaments classiques. De plus, s'adressant à des marchés plus étroits, ces produits sont moins facilement copiables par les génériques, ce qui permet aux firmes d'obtenir des prix très élevés. Au cœur de ce « *business model* » se trouvent les politiques mises en place pour encourager la production de médicaments dits « orphelins ». Un médicament obtient ce statut quand il est indiqué dans le traitement d'une maladie rare qui, selon les standards européens, touche au plus 5 individus sur 10000. Quand un médicament est dit « orphelin », la firme qui le commercialise bénéficie de gros avantages comme un processus d'autorisation accéléré, des crédits d'impôt supplémentaires, une aide financière à la recherche et des périodes d'exclusivité plus étendues. Le choix des médicaments « orphelins » apporte aussi des avantages liés à leur nature : les essais cliniques pour leur autorisation sont plus restreints et donc en général moins coûteux. Ensuite, ils sont destinés à des marchés où il n'existe que peu ou pas d'alternatives, ce qui limite le pouvoir de négociation des régimes d'assurance maladie. De plus, la notion de maladie rare ou encore de cancer génère une plus grande acceptabilité sociale face à un prix plus élevé. Enfin, ces médicaments de niche visent des marchés spécialisés, les prescriptions dépendant de certains médecins spécialistes, peu nombreux, ce qui demande un moindre effort promotionnel pour les atteindre. Pour être viable, cette stratégie pousse les Big Pharma à pratiquer un lobbying constant auprès des États pour financer les biotechnologies, faire payer très cher l'innovation et protéger leurs rentes par des réglementations adaptées. Cependant, avec les avancées des biotechnologies et le développement de tests génétiques censés permettre une médecine plus personnalisée, la frontière entre maladie rare et maladie commune est devenue plus poreuse. Pour obtenir la désignation de médicament « orphelin », les firmes ont donc intérêt à demander dans un premier temps, une AMM pour une indication thérapeutique restreinte à une affection touchant moins de 5 personnes sur 10000, le médicament peut être ensuite soumis encore pour une nouvelle indication thérapeutique et accumuler les désignations de médicament « orphelin ». Cette pratique de saucissonnage des indications thérapeutiques est désormais devenue la norme et constitue la principale stratégie actuelle des firmes pour accroître les ventes de ces médicaments. Ainsi, le Glivec® (*imatinib*) a reçu sept AMM pour des indications différentes et obtenu sept fois le statut de médicament « orphelin » aux États-Unis. L'*interféron* mis sur le marché sous neuf noms de marque différents a, quant à lui, obtenu trente-trois désignations de médicament « orphelin ». Ce saucissonnage des indications thérapeutiques est aussi un moyen efficace pour bénéficier d'une période d'exclusivité supplémentaire en étendant la protection des données réglementaires. Ce qui permet de redonner de la rentabilité à un médicament au brevet expiré. Comme ces médicaments sont destinés à des indications thérapeutiques très spécifiques, ils rendent les prescriptions hors AMM d'autant plus fréquentes grâce à des pratiques promotionnelles douteuses les encourageant. Sans parler de leurs effets secondaires, car il existe des médicaments mis sur le marché malgré leur danger et maintenus longtemps en vente à cause d'intérêts commerciaux (voir ci-dessus le Médiator). Cela existait bien avant que les laboratoires redistribuent des centaines de milliards d'euros à leurs actionnaires. Mais aujourd'hui, malgré le durcissement progressif des réglementations sanitaires, des traitements continuent à être prescrits hors indication.

Les avantages consentis et les prix exorbitants accordés aux médicaments orphelins ont complètement modifié les dynamiques de recherche. Par exemple, sept médicaments différents visant à traiter une même indication étaient en cours d'essai clinique en 2014 aux États-Unis pour une malformation génétique rare, ne touchant que quelques milliers de patients. Situation similaire à la dynamique de concentration des ressources en recherche et développement observée dans le modèle des *blockbusters*. Sans doute le domaine des médicaments de niche, fait-il encore la preuve par l'absurde de la recherche industrielle organisée autour de la maximisation de la rentabilité commerciale. S'y ajoute la spécialisation croissante des firmes sur un petit nombre de pathologies particulièrement lucratives au détriment des besoins en santé publique. C'est le modèle Gilead, par exemple, qui a permis à ce petit labo de se hisser en quelques années parmi les géants mondiaux en termes de chiffre d'affaires et de profits en se spécialisant sur une poignée de médicaments. Mais les domaines négligés de la recherche demeurent encore de nos jours les cancers pédiatriques, la résistance aux antibiotiques ou encore un grand nombre de maladies tropicales. Une question toutefois a émergé de ce modèle *nichebuster*, c'est celle de la viabilité des comptes de l'assurance maladie dans un contexte de réduction des déficits publics et cela d'autant plus, qu'une partie de la recherche des sociétés de biotechnologies est financée directement ou indirectement par les États.

Entre la quête de profit et la santé publique, l'équilibre semble bien précaire.

## 5. Monopole des brevets et secret des affaires

Pour Big Pharma, la stratégie commerciale se bâtit à partir d'une « population-marché » solvable, ce qui ne représente pas la population totale touchée par la maladie. Et, c'est en fonction de cette dernière que les firmes établissent le prix des médicaments. Leur logique n'est pas celle de la santé publique, mais de s'assurer des profits, et les plus importants possibles. Pourtant, la propriété intellectuelle a pour objectif théorique de favoriser les inventions et leur diffusion. À l'origine, les brevets ont été mis en place pour garantir un équilibre entre les intérêts privés, soit récompenser un inventeur en lui offrant une exclusivité pour récupérer son investissement et les intérêts publics, soit faire bénéficier la société des progrès et diffuser le savoir. Pourtant plusieurs années plus tard, il n'existe toujours aucune preuve empirique que tel est bien le cas. Le brevet est un droit exclusif accordé à une invention qui donne à son titulaire le droit d'interdire à des tiers de l'utiliser à titre professionnel. Cela comprend notamment la fabrication, l'entreposage, l'offre et la mise en circulation ainsi que l'importation, l'exportation, le transit et la possession à ces fins. Le titulaire du brevet peut autoriser des tiers à exploiter son invention à des conditions convenues ou leur accorder une licence à cet effet. Il peut aussi vendre son droit sur l'invention à un tiers qui devient alors le nouveau titulaire du brevet. À l'expiration du brevet, l'invention tombe dans le domaine public et peut être librement exploitée par des tiers sans porter atteinte au brevet. Un brevet est aussi un droit territorial, généralement les droits exclusifs ne sont applicables que dans la région ou le pays dans lequel une demande de brevet a été déposée et un brevet octroyé, conformément à la législation de ce pays ou de cette région. Il n'existe actuellement aucun système international ou universel de délivrance de brevets. Du fait de rendre publique une innovation par le dépôt d'un brevet, des droits de propriété industrielle sont octroyés en contrepartie. Ces droits donnent lieu à un monopole d'exploitation (droits exclusifs) à leur détenteur. La firme ou la personne ayant déposé un brevet est la seule à pouvoir exploiter l'innovation pendant une durée donnée. Depuis l'accord de l'Organisation mondiale du Commerce (OMC) sur les « Aspects des droits de propriété intellectuelle qui touchent au commerce » (ADPIC) de 1994, les États sont obligés d'accorder des brevets aux produits pharmaceutiques eux-mêmes, alors qu'auparavant, ils n'en délivraient qu'au processus de fabrication, ce qui permettait de produire des génériques dès qu'un nouveau mode de fabrication était mis au point. En plus, la durée minimale de protection qui s'impose aux États est depuis de 20 ans, à partir de la date de dépôt de la demande de brevet. Les médicaments sont ainsi protégés par un ou plusieurs brevets (substance, procédés de fabrication, formes pharmaceutiques, mode d'administration, etc.). Les firmes sont dès lors, en position de force pour demander des prix élevés dans la mesure où ils sont la seule source possible, sans qu'aucun effet de concurrence ne puisse faire baisser les prix qu'ils demandent. Pire, les brevets sont devenus de véritables mécanismes de protection des investissements destinés à exclure la concurrence et à faire grimper le cours des actions plutôt que de bénéficier à la population. Un exemple criant : après l'annonce de l'OMS que le *remdesivir* (Veklury®) était prometteur, la société américaine Gilead, s'est dépêchée d'enregistrer le médicament comme médicament « orphelin », afin d'obtenir un droit de monopole de sept ans sur ce traitement et… d'en choisir le prix. La firme a dû faire machine arrière devant l'opinion publique face au prix faramineux demandé et aux rapports bénéfices/risques discutables…

Mais tout cela n'est pas un hasard : le contrôle des informations sensibles et le secret sont au cœur même *du business model* de Big Pharma. En 2016, l'Union européenne a adopté, sous la pression des industriels, une *directive sur le secret des affaires*, transposée en France au cours de l'été 2018. La sacralisation du secret des affaires n'a fait que renforcer une forte tendance à déjà invoquer le « secret commercial » pour refuser de rendre publiques des informations. Ce n'est donc pas fortuit si le secteur du médicament et de la santé a été le premier à avoir recours publiquement au secret des affaires. À se demander même, si ce dernier n'est pas avec les brevets un des principaux ingrédients qui permet à Big Pharma d'afficher des taux de profit à rendre jalouses les autres industries. Les labos l'utilisent dans leurs négociations avec les gouvernements sur le prix des médicaments en acceptant de consentir toutes sortes de remises confidentielles, mais en continuant à afficher un prix très élevé. Cette confidentialité permet ensuite aux firmes de négocier avec les gouvernements sur la base du prix officiel consenti par le premier pays et non le prix réel. Mais le prix réel est loin d'être le seul type d'information sur lequel l'industrie pharmaceutique cherche à garder le contrôle. Elle *maintient secret le véritable coût de la recherche et développement*, ce qui lui permet ensuite d'exiger des pouvoirs publics des prix très élevés, censés récompenser un effort d'innovation vraiment sujet à caution. (Rappelons qu'aujourd'hui, dans la majorité des cas, la recherche préclinique a été réalisée par des biotechs souvent rachetées à vil prix par les majors ...). Il en va de même pour les données relatives aux essais cliniques réalisés sur animaux et sur humains qui, au passage, permettraient aux patients et aux professionnels de santé de mieux connaître tous les effets, notamment les effets indésirables des nouveaux médicaments. Actuellement, médecins et patients ne peuvent connaître que ce que les labos veulent bien qu'ils sachent, et c'est rarement à leur désavantage. Nécessaires pour obtenir une AMM, ces informations sont aussi primordiales pour les fabricants de génériques qui souhaiteraient mettre sur le marché une copie moins chère à l'expiration du brevet ou encore pour les gouvernements qui voudraient mettre en place une licence obligatoire ou une suspension du brevet. Pendant les 20 ans de la durée du brevet, ces données sont protégées par le secret commercial. On est pourtant bien loin des risques d'espionnage industriel que mettent en avant les milieux économiques pour justifier l'instauration du secret des affaires. L'enjeu pour les labos est surtout de maintenir le rapport de force favorable que leur donnent les brevets et le contrôle de l'information relative aux médicaments pour pouvoir continuer à négocier avec les pouvoirs publics pays par pays, à l'abri du regard du public et rouler tout le monde. Wall Street n'est jamais loin ! L'équilibre privé-public est clairement rompu.

## 6. Nos très chers médicaments

Jusqu'au milieu des années 2000, le médicament idéal pour l'industrie pharmaceutique était le *blockbuster,* destiné à être vendu à un large marché. Ces produits et les *me-too* qui les ont accompagnés et dont certains sont aussi des *blockbusters* ne sont plus les seuls types de produits recherchés par les Big Pharma, face au besoin de contrer la saturation du marché des *blockbusters* et des *me-too*. La stratégie industrielle des firmes qui possèdent la grande majorité des produits autorisés en Europe et aux États-Unis s'exprime désormais par des portefeuilles combinant *blockbusters,* médicaments sous licences, génériques avec un fort intérêt pour les médicaments dits de niche. Ces *nichebusters* ou médicaments innovants issus des biotechnologies, sont moins susceptibles d'attirer la concurrence ou l'industrie des génériques et d'exposer les premiers produits y entrant au risque de baisse des prix. Mais, le but est le même : le profit maximum… car le prix de ces médicaments spécialisés visant des marchés restreints (ils ne totalisent que 1% des prescriptions) est généralement très élevé, devenant un facteur important des hausses des coûts de santé. Pourtant, la plupart de ces nouveaux médicaments n'apportent souvent qu'une contribution thérapeutique minime. En cancérologie, par exemple, ils ne rallongent parfois l'espérance de vie que de quelques semaines et font courir des risques d'effets secondaires graves. Ces médicaments dits innovants visent principalement le cancer, mais représentent une question de vie ou de mort, car, pour des raisons budgétaires, les médecins finiront par être obligés de n'en réserver certains qu'à quelques patients seulement. En France, des médicaments utiles et efficaces commencent progressivement à être déremboursés, il y en a déjà un certain nombre, afin de financer l'arrivée sur le marché de produits présentés comme plus performants, mais plus chers pour une minorité de patients. Ce scénario risque fortement de devenir exponentiel si rien n'est fait pour juguler l'augmentation croissante du prix de ces traitements dits innovants qui font peser un risque de rupture d'égalité dans l'accès aux soins. Ces spécialités qui ont vu leur prix doubler en 10 ans prévoient entre 6 à 8 % de croissance par an, suggérait déjà l'Inca (Institut National du Cancer), en 2017. Pour justifier ces prix extravagants, un des arguments de l'industrie pharmaceutique concerne non pas le prix de revient global, mais les économies que la société peut effectuer grâce à leur nouveau traitement en réduisant la durée d'hospitalisation ! Et ce n'est pas un hasard si les cancérologues sont en tête du classement des médecins les plus approchés par les laboratoires. Leurs nouveaux produits, très chers, sont une manne pour soigner leurs profits.

Par ailleurs, les labos n'hésitent pas à présenter comme R&D des activités qui relèvent en fait des études marketing. Ce qui n'est pas surprenant dès lors que les nouveaux médicaments proposés sont de moins en moins innovants, constituant souvent des variations de médicaments plus anciens. Mais, malgré les demandes répétées de gouvernements, du corps médical, d'associations de patients et d'organisations de la société civile, elles refusent toujours de rendre publics leurs coûts en R&D. Une plus grande transparence permettrait vraiment de définir des prix équitables pour les nouveaux traitements. Mais les coûts de R&D

restent le secret le mieux gardé de l'un des secteurs les plus rentables du monde et donnent même lieu à des spéculations plus ou moins fantaisistes. L'industrie pharmaceutique avance régulièrement le chiffre de 2,56 milliards de dollars en moyenne, nécessaires au développement d'une nouvelle molécule ayant obtenu une AMM (Autorisation de Mise sur le Marché), auxquels il conviendrait de rajouter les coûts post-AMM, soit au total 2,9 milliards de dollars. En réalité, en matière de coûts en R&D des médicaments, les estimations sont extrêmement disparates : de 161 millions de dollars à 1,8 milliard, selon les cas et les sources, quand l'indépendance des chercheurs qui calculent ces coûts n'est pas mise en doute… La *Drug For Neglected Diseases Initiative* (DNDi), parle de dix fois moins et ses estimations prennent également en compte les recherches qui ne débouchent sur rien. Une étude parue dans le JAMA en 2017 précise au passage que les coûts en R&D sont rapidement récupérés, mais aussi que les bénéfices sont très vite multipliés par dix en quelques années. Retour sur investissement observé dans aucun autre secteur de l'économie. L'industrie pharmaceutique est reconnue comme étant l'un des secteurs les plus rentables de la planète avec un bénéfice net dépassant fréquemment les 20 % de son chiffre d'affaires. Seuls, l'industrie du tabac et le secteur bancaire font parfois mieux. Une étude scientifique réalisée aux États-Unis a montré que le prix moyen par année de vie gagnée aurait quadruplé entre 1995 et 2013, et ce alors même que la recherche fondamentale serait issue d'investissements publics, mais les dépenses en lobbying auprès des autorités et des médecins sont conséquentes dans le milieu et bien évidemment répercutées sur le prix des médicaments. À noter que l'écosystème dans lequel évolue l'industrie pharmaceutique est constitué essentiellement d'externalisations et de rachats de sociétés qui poussent sans cesse à investir des sommes plus élevées. Leurs prix exorbitants permettent donc, et également, aux firmes, de récupérer ces investissements et d'en faire de nouveaux.

Mais, ce n'est pas tout, de multiples études indépendantes et rapports onusiens le montrent clairement : l'industrie pharmaceutique propose aussi et surtout des prix en fonction de ce qu'elle pense que le marché est prêt à payer en jouant au passage, sur les économies substantielles que leur médicament produirait au niveau des coûts globaux de la santé. Le prix n'est plus établi au regard du coût de production, recherche fondamentale et développement inclus, mais en fonction de ce que nous, ou notre assurance-maladie sommes prêts à payer. C'est ainsi que le prix initial du Solvadi® (*sofosbuvir)*, un traitement contre l'hépatite C a été calculé sur la base du coût d'une greffe de foie, soit 84000 dollars le traitement de trois mois ou 1000 dollars le comprimé. Novartis a fait un calcul identique pour fixer le prix du Kymriah® (*tisageuleceleucel*), un traitement contre la leucémie mis sur le marché en 2017, en se basant sur le tarif d'une greffe de moelle osseuse pour des avantages souvent insignifiants. En 2015, une étude de l'Organisation de Coopération et de Développement Économiques (OCDE) révélait que sur douze anticancéreux autorisés à la commercialisation aux États-Unis en 2012, un seul permettait de prolonger l'espérance de vie des patients de deux mois... Selon une étude plus récente de l'Agence européenne du Médicament (EMA), sur quarante-huit traitements autorisés contre le cancer entre 2009 et 2013 : 57 % n'apportaient aucun avantage thérapeutique ou étaient cliniquement insignifiants. Autre exemple de prix fous : le traitement pour l'Amyotrophie spinale progressive découle de brevets de thérapie génique déposés par l'équipe INSERM-AFM (Association française contre les myopathies) du Généthon. Comment se fait-il que partant d'une innovation publique, la start-up de biotechnologie montée par l'AFM ait été rachetée avec ses différents brevets par une entreprise américaine afin de mener les essais cliniques impossibles à réaliser en France ? Faute de moyens ? Faute de cohésion entre l'INSERM et l' AFM ? Puis, que cette start-up ait été rachetée très cher par le géant Novartis, qui essaie de se rembourser en proposant un nouveau traitement au coût du traitement actuel de référence calculé sur la vie entière d'un individu, soit cinq millions de dollars et finalement approuvé par la *Food and Drug Administration* (FDA) pour 2,2 millions de dollars. En réalité, cette innovation thérapeutique ne coûte pas ce prix, mais, étant donné sa meilleure efficacité, Novartis estime qu'elle peut exiger un prix économique en regard du traitement actuel. Un traitement anticancéreux du même Novartis a été mis sur le marché aux

États-Unis, pour le prix record de 475 000 dollars par injection. Comment a-t-on bien pu en arriver là ??

À l'origine de cette dérive, aussi et encore, les brevets qui permettent aux firmes de fixer les prix de leurs produits comme bon leur semble ou presque, sont souvent mis en avant par les experts. Encore rare au début de ce siècle, ce phénomène vient principalement des États-Unis où le contrôle des prix est extrêmement laxiste. Et, comme les États-Unis représentent un marché énorme et peu régulé, les multinationales cherchent à y homologuer en priorité leurs nouveaux traitements anticancéreux et autres *niche-busters*, de façon à obtenir le prix le plus élevé possible. Cette valeur étalon, servira pour faire par la suite enregistrer ces traitements ailleurs dans le monde dont outre-Atlantique.

## 7. Dans le vif du sujet

Pour comprendre : aux États-Unis, le laboratoire Abbvie a été récemment mis sur la sellette par une Commission de députés : à savoir, combien valent ses traitements vedettes et pour quels bénéfices pour le patient ? Cette longue enquête avait pour objet de comprendre les mécanismes de la montée en flèche du prix moyen des médicaments de prescription. La Commission a consulté plus de 170 000 pages de documents internes obtenus à la suite d'une assignation, en raison du refus de la firme de coopérer. Y sont détaillés par le menu, les bénéfices disproportionnés de la compagnie, mais aussi la nuée de stratégies mises en place pour augmenter les prix, s'entendre avec la concurrence, exploiter au maximum les brevets pour garder les monopoles et abuser des lois sur les médicaments orphelins.

Humira® (*adalimumab)*, est employé pour traiter les rhumatismes inflammatoires et d'autres maladies auto-immunes. C'est la molécule qui a le plus gros chiffre d'affaires mondial. Aux États-Unis, le traitement coûte 77 000 dollars par an, soit 470 % de plus que lors de son lancement en 2003. En 17 ans, le produit a connu 27 augmentations de son prix… Quant à Imbruvica®

(*ibrutinib*), utilisé pour traiter, entre autres, un type de lymphome, il coûte 82 % de plus qu'à son lancement en 2013. Les documents internes montrent qu'Abbvie considère que le système de brevets des États-Unis est bien plus protecteur pour leur monopole que dans le reste du monde et a utilisé plus de 250 brevets pour Humira® (*adalimumab*). Brevets, instruits alors que l'AMM était déjà obtenue, et cela, afin de bloquer la concurrence des biosimilaires dès 2014, estimant que trois à cinq biosimilaires concurrents pouvaient arriver sur le marché en 2017. Le laboratoire a ensuite conclu des accords avec quatre de ses concurrents, repoussant leur mise sur le marché à 2023. Comme des dispositions favorables sont réservées aux médicaments orphelins, afin de compenser un marché restreint par la rareté des pathologies concernées, Abbvie a obtenu ce statut pour Humira® alors qu'il s'agit d'un *blockbuster* avec un très gros marché planétaire. Au total, le laboratoire détient huit autorisations pour huit présumées indications différentes relevant de la réglementation des maladies orphelines pour Humira®. Le plus sérieux concurrent de l'Humira® étant Enbrel® (*étanarcept*) d'Amgen, au lieu de baisser les prix dans un marché concurrentiel, les deux sociétés ont scellé une entente ayant pour conséquence des augmentations consécutives du prix de leurs traitements. À la demande de la Commission, Abbvie a estimé ses dépenses en R&D pour Humira® à 5,19 milliards de dollars entre 2009 et 2018. Ce qui ne représente que 4,2 % du revenu net de la molécule sur la période. En fait, il ne s'est agi que de développer des améliorations mineures de formulation permettant de prolonger les brevets. Mais la question de la valeur d'un médicament ne s'arrête pas à son prix, car le préalable à sa fixation devrait avant tout être sa valeur thérapeutique. L'indice d'ASMR (Amélioration du Service Médical Rendu) de la HAS (Haute Autorité de Santé) évalue la plus-value thérapeutique d'un médicament dans une indication spécifique par rapport aux traitements déjà connus. Un ASMR de niveau 1 qualifie un progrès thérapeutique majeur, ce qui est rarissime. Un ASMR de niveau V signifie une absence de progrès thérapeutique et, logiquement, ce type de traitement ne devrait pas avoir de place dans l'arsenal thérapeutique ou devrait coûter moins cher. Dans la réalité, cette note de V concerne les trois quarts des nouveaux traitements et leurs prix n'en sont pas modifiés. Humira® ne faillit pas à la règle : la plupart de ses indications sont assorties d'un ASMR mineur, voire inexistant, seule l'indication spondylarthrite ankylosante a une évaluation favorable.

Par contre, entre 2013 et 2018, la firme a beaucoup plus investi en rachat d'actions et dividendes - 50 milliards de dollars - qu'en recherche et développement (2,5 milliards de dollars). Les dépenses en marketing représentent, elles, deux fois celles en R&D (4,71 milliards de dollars). Les dirigeants ont, quant à eux, touché 334 millions de dollars sur la période. Ce rapport à charge contre Abbvie porté par les députés américains laisse supposer que ce laboratoire n'est pas un cas isolé et que le phénomène est généralisé et qu'il va même en s'aggravant, sans parler de la promotion des traitements en dehors des indications officielles qui amène bon nombre de firmes à se retrouver dans le box des accusés. Et, elles sont nombreuses.

Qu'est-ce qu'un médicament innovant et qui fixe les prix ? Il semble complexe de trouver un accord et de donner une définition à ce terme qui ne possède, ni définition juridique au niveau national ou européen, ni de véritable définition économique. Les Big Pharma ont longtemps été critiquées pour avoir présenté comme innovation, des médicaments considérés comme des *metoo*. En France, l'accord-cadre qui régit les relations entre les laboratoires et le Comité Économique des Produits de Santé (CEPS) indique, quant à lui, dans son article 8 que les médicaments innovants « *sont des spécialités s'étant vu reconnaître par la commission de la transparence (CT), une Amélioration du Service Médical Rendu (ASMR) de niveau I à III* », selon la définition de la Haute Autorité de Santé (HAS), c'est-à-dire, reconnus comme apportant un progrès thérapeutique majeur, important ou modéré ou de niveau IV (mineur) sous certaines conditions. C'est donc la HAS qui détermine le caractère innovant de chaque produit au regard de ces critères : « *la nouveauté du mécanisme d'action dans l'indication concernée ; l'existence d'un besoin médical insuffisamment couvert ; et la réponse au besoin médical grâce à une efficacité supplémentaire démontrée et clairement pertinente pour les patients* ». Le Service Médical Rendu (SMR), prend quant à lui, en compte la gravité de la pathologie, l'efficacité et les effets indésirables du produit ainsi que sa place dans la stratégie thérapeutique et peut être qualifié de majeur ou important, modéré, faible, insuffisant. Son évaluation peut évoluer lorsque de nouvelles données caractérisant son appréciation sont apportées ou que les stratégies thérapeutiques évoluent. Si le produit est reconnu comme irremplaçable et particulièrement coûteux, sa prise en charge par l'Assurance Maladie Obligatoire (AMO) est de 100 %. Sinon, il dépend de l'évaluation du SMR (service médical rendu) : 65 % s'il est important. 35 % s'il est modéré et 15 % s'il est faible. Seuls les médicaments au SMR insuffisant ne sont pas inscrits sur la liste des médicaments remboursables.

Qui fait quoi ? La procédure de mise sur le marché d'un nouveau médicament est, de plus en plus souvent, menée au niveau européen par l'Agence européenne du Médicament (EMA), réduisant le rôle des autorités nationales à une simple procédure de reconnaissance mutuelle. L'AMM est demandée par la firme pour un produit et pour une indication, sur dossier avec données sur la qualité pharmaceutique, l'efficacité et la sécurité du produit, obtenues dans le cadre d'essais cliniques. Cette procédure est plutôt avantageuse pour les pharma, car ce n'est qu'en cas de refus d'autorisation que la décision doit être explicitement motivée, la réglementation fixant les conditions de refus et non d'octroi. Après être autorisé sur le marché français, le médicament doit obtenir une AMM et une autorisation de remboursement du ministère de la Santé en fonction de l'indication de l'AMM ou d'une indication plus restreinte qui suppose un avis favorable de la Commission de transparence (CT) de la HAS. Dans les faits, la décision de remboursement est prise avant que le prix ne soit fixé et c'est la véritable clé d'entrée du médicament sur le sol français qui va rendre solvable sa future consommation, souvent pour une durée de cinq ans. Pour donner son avis, la CT évalue le Service Médical Rendu (SMR) et l'Amélioration du Service Médical Rendu (ASMR) sur la base d'un dossier déposé par la firme dans lequel elle argumente en faveur des niveaux de SMR et d'ASMR qu'elle revendique. Concernant le médicament et son remboursement, avec un taux associé et dans une indication spécifique arrêtée, la troisième décision fixe le prix et fait intervenir le Comité Économique des Produits de Santé (CEPS). Ce dernier, rassemble des représentants des ministères de l'Économie, des Finances et de la Santé, de l'assurance maladie (AMO) °et des mutuelles. C'est le CEPS qui, dans le respect de l'accord-cadre signé avec les industriels et des orientations ministérielles données, va négocier le prix des médicaments. Mais les règles de fixation des prix du CEPS brillent par leur opacité, car soumises aux influences industrielles, puisque dans les âpres négociations autour de la fixation du prix des médicaments l'industrie pharmaceutique impose sa loi en contraignant les autorités d'accepter des prix délirants, même pour des médicaments dont l'ASMR est faible. Un exemple souvent cité est celui du Crestor® (*rosuvastatine),* une statine (médicament contre le cholestérol) très dispendieuse pour l'assurance-maladie qui a obtenu un prix quatre fois supérieur à celui d'autres médicaments génériques similaires sans ASMR. Les économies pour la Sécurité sociale ne sont pas la seule priorité du CEPS Il poursuit des objectifs d'accès aux soins, mais aussi de soutien à l'industrie pharmaceutique et à sa compétitivité. Un rapport de la Cour des comptes de 2017 relève plusieurs cas où l'argument de l'emploi et de l'investissement ont été largement utilisés par la firme pour maintenir un prix élevé. Les décisions du CEPS sont également soumises à des pressions comme celles des associations de patients. Puis, comme les pouvoirs publics ont choisi de négocier les prix dans le cadre d'un « accord-cadre » signé avec le LEEM (Les entreprises du médicament), lobby et syndicat du secteur pharmaceutique français, on parlera plutôt d'une cogestion « public privé », où les pouvoirs publics se censurent ni plus ni moins. Le CEPS est également très dépendant des données fournies par les laboratoires et sans réel moyen de vérification ou de contre-expertise. Le processus de fixation des prix est encore plus complexifié par des mécanismes de remises. Les laboratoires vont négocier avec le CEPS pour fixer un prix officiel le plus haut possible et dans le cadre de la négociation vont secrètement s'engager à reverser une partie de leurs revenus à l'assurance maladie. Le montant de ces transactions étant confidentiel, cela permet au laboratoire de négocier avec les autres gouvernements sur une base faussée. D'autres formes de remises viennent encore s'ajouter à ce dispositif. Par exemple, si le médicament se vend bien, le labo acceptera de reverser une partie à la Sécurité sociale. Il existe aussi des contrats dits de « partage des risques » par lesquels le CEPS accepte un prix élevé pour un médicament dit innovant par son producteur à condition que le prix puisse être revu à la baisse cinq ans plus tard, s'il n'y a pas de bénéfices thérapeutiques significatifs. Chose très rare en pratique, bien évidemment. Dans un contexte où les laboratoires misent de plus en plus sur les médicaments dits innovants pour accroître leurs profits, ces derniers processus sont de plus en plus contournés au profit des ATU (Autorisations temporaires d'utilisation). Ainsi, si un médicament promet d'apporter une avancée thérapeutique majeure pour des pathologies graves, il peut être autorisé, sous certaines conditions, avant d'avoir obtenu l'AMM et passer les différentes étapes d'évaluation. En attendant que le processus normal soit mené à terme, le laboratoire est libre de fixer son prix qu'on appelle « indemnité » à un niveau très élevé ce qui permettra de peser sur les négociations futures avec le CEPS. À cause des abus liés à cette pratique, les législateurs ont introduit un certain niveau de prix, mais le lobby des industriels revendiquant cette procédure a obtenu du Premier ministre en 2018, un nouvel assouplissement. Les laboratoires disposent aussi d'autres moyens pour accroître leurs profits, en premier lieu en utilisant les bonnes relations qu'ils ont tissées avec les professionnels de santé et notamment certains influenceurs clés pour assurer une prescription massive de leur nouveau produit, bien plus grande que ce qui avait été estimé dans le dossier soumis au CEPS ayant servi de base à la fixation du prix. Un autre moyen de biaiser le processus est de commercialiser un médicament avec une indication thérapeutique à population restreinte pour obtenir un prix élevé puis de demander par la suite, d'autres indications à public plus large. Selon la Cour des comptes, il n'existe pas de mécanismes de révision systématique des prix fixés par le CEPS à la lumière des extensions d'indication ou à l'arrivée de produits moins chers ou plus efficaces. À l'expiration des brevets, les laboratoires disposent encore de plusieurs moyens plus ou moins légaux pour freiner la concurrence des copies génériques et biosimilaires avec l'extension artificielle des brevets, la confidentialité ou l'exclusivité des données sur les essais cliniques, empêchant ainsi une duplication facile et enfin s'entendre entre laboratoires… les pratiques d'Abbvie ne sont donc pas locales et loin d'être minoritaires.

Comme, en Europe, le contrôle des prix est une prérogative nationale, chaque pays cherche à obtenir le meilleur deal dans le cadre de négociations bilatérales peu transparentes. Même si des pays européens tentent de s'unir en vue de négocier ensemble de meilleurs prix, ce qui fut réalisé pour les vaccins anti-Covid, force est de constater que les gouvernements ont peine à lutter contre le pouvoir de fixation des prix que le système actuel accorde aux Big Pharma. À ce jeu, c'est elles qui remportent la mise, tout d'abord parce que les négociations se font le plus souvent sur la base du prix élevé obtenu aux États-Unis. Ensuite, en ne dévoilant que le prix de référence, montant fictif ou prix-vitrine, servant de base pour la comparaison internationale des prix et ne correspondant en rien au prix réel négocié par chaque pays. Enfin, si besoin, en menaçant de ne pas commercialiser le produit et/ou de le retirer du remboursement automatique, si le prix exigé par les autorités est considéré comme trop bas. Ou, carrément, de recourir à la justice avec le plus souvent gain de cause. Une autre approche, plus discrète, mais aussi efficace, consiste à organiser une pénurie relative d'approvisionnement dans les pays où le médicament a le prix le plus bas, levier de chantage efficace pour une future négociation. De plus, les firmes savent à merveille mobiliser le lobby des patients pour faire pression sur les autorités afin d'avoir un accès rapide au médicament, même à un prix délirant. Effectivement, les firmes n'hésitent pas à soutenir financièrement les associations qui deviennent des relais marketing voire jouent les intermédiaires avec l'assurance-maladie pour encourager l'arrivée rapide des nouveaux traitements. Les sites web de certaines d'entre elles affichent des listes de partenaires pouvant être longues. Par manque de moyens publics suffisants pour la prévention et l'information des patients, les associations arrivent donc à se substituer à l'État avec l'appui des laboratoires grâce à des campagnes de sensibilisation et de communication très biaisées, en faveur des labos genre « Octobre rose ». De surcroît, le contrôle étatique tel qu'il existe n'est, de toute façon, pas en mesure d'enrayer de manière efficace, l'explosion du prix des médicaments. Ce d'autant plus, et de leur propre aveu, que les autorités ne connaissent pas les coûts réels de R&D des médicaments, considérés par les pharma comme un secret industriel. Cette absence de transparence est problématique, car c'est justement cet argument qui est utilisé pour justifier les prix exorbitants demandés. C'est le serpent qui se mord la queue.

Pourquoi alors, ne pas conserver plus longtemps dans le domaine public, des nouveautés et innovations émanant de la recherche publique ? En fait, c'est ahurissant : dans le système actuel de R&D encouragé par les pouvoirs publics, l'innovation doit créer de la propriété intellectuelle et être valorisée sous forme de brevets, de start-up ou de licences à des industriels. Nous sommes dans une sorte de perversité des systèmes d'incitation à faire du toujours plus et toujours plus cher. Fascination pour la technologie qui fait que rien n'est trop cher. Exemple, le *diméthyfumarate* (DMF), un immunosuppresseur utilisé dans la sclérose en plaques, dont la synthèse revient à deux euros le kilogramme alors que le système de santé accepte de rembourser ce traitement à hauteur de 160 000 euros le kilogramme. Il vaudrait mieux établir le juste prix des médicaments plutôt que de toujours courir après la dernière molécule, mais ce n'est pas dans l'air du temps. Et pourtant, à côté, il peut y avoir des avancées formidables et raisonnables. Par exemple, les CAR-T pour l'immunothérapie des cancers, c'est 500 000 euros par patient et par traitement, le *Sloan Kettering* à New York (équivalent de l'institut Curie à Paris) propose aussi des CAR-T tout frais inclus et rentables pour 100 000 dollars, et le coût peut encore baisser... Reste qu'aujourd'hui, l'idéologie dominante est celle du coût public et du profit privé. Pourtant, plus de 2 milliards de personnes dans le monde n'ont pas accès aux médicaments essentiels et ce problème ne concerne plus seulement les pays en voie de développement, mais aussi les pays riches. En cause, les prix des médicaments. Même les pays riches devront très vite se positionner ou prendre des mesures pour lutter contre les causes de ce problème afin de garantir le principe de la couverture des soins à la base des systèmes de santé.

## 8. Un lobbying intense

Une raison, et pas des moindres, du prix exorbitant des médicaments est aussi et surtout le lobbying très professionnel organisé par les firmes. Avec près d'un siècle d'expérience en matière d'influence politique, les pharmas n'ont pas, non plus, peur d'utiliser des méthodes illégales, le rôle des lobbyistes étant d'influencer le débat politique. Leurs représentants n'ont pas de mal à obtenir un accès direct aux politiques. Pour faire déchiffrer des dossiers souvent complexes surtout en matière de santé, ils s'appuient sur des informations brèves et faciles à comprendre. Les brochures, les sites Internet d'information du secteur pharmaceutique, sont toujours intéressés et leurs informations toujours en leur faveur. Les registres sur la transparence du lobbying mis en place à Washington, Bruxelles et Paris permettent d'apercevoir partiellement les dépenses de lobbying déclarées par les firmes. Aux États-Unis, le lobby pharmaceutique a mis un terme à toute possibilité de correction gouvernementale sous la présidence de Georges W. Bush en 2003, avec une loi qui interdit au gouvernement de se mêler de la politique tarifaire des médicaments. En contrepartie, et pour que rien ne change, les pharmas se montrent particulièrement généreuses et font partie des principales sources de financement des partis politiques, notamment les républicains. En 2017, cette générosité envers Washington aurait coûté aux firmes près de 300 millions de dollars, selon la base de données sur les lobbies du *Center for Responsive Politic,* qui met à disposition de la société civile des informations sur les contributions financières, car, aux USA, les lobbyistes doivent déclarer leurs activités et leurs contributions. En France, chaque année en automne, le Parlement examine la loi de financement de la Sécurité sociale ou PLFSS pour l'année à venir et comme chaque année, les amendements tombent. Ces amendements sont parfois de simples copier-coller de propositions envoyées par les lobbys de l'industrie pharmaceutique, les syndicats de médecins ou les fédérations d'employeurs du secteur. Le LEEM, syndicat national et très puissant lobby de l'industrie pharmaceutique, est très actif autour de l'Assemblée nationale et auprès des Académies et sociétés savantes tout comme les grands labos. La loi de financement est éminemment stratégique pour le secteur, car elle détermine le taux de croissance des dépenses des médicaments remboursables, mais aussi toutes les procédures d'évaluation, d'autorisations et de mise sur le marché des médicaments. Autant dire qu'une petite modification introduite par amendement peut avoir un impact décisif sur le taux de profit des labos. Les députés et les médecins sont une cible qui compte double, mais les députés-médecins sont une grande aubaine pour les laboratoires qui nouent des liens d'intérêt avec une bonne majorité d'entre eux. Une présence même insidieuse et par tous les moyens pour échapper aux règles de la loi sur la transparence des liens d'intérêt et à la loi anti-cadeaux, grâce à l'organisation de tables rondes par des cabinets de lobbying. Ces sociétés-écrans sont financées par l'industrie pharmaceutique, mais non soumises à l'obligation de déclarer les invitations des professionnels de santé. En 2017, les laboratoires pharmaceutiques et les prestataires et organismes qui les représentent ont ainsi, utilisé 8,4 millions d'euros pour essayer d'influencer les décideurs français.

Dans l'Union européenne des efforts sont faits pour essayer d'améliorer la transparence des contributions du lobby, mais les zones d'ombre ne manquent pas, car le registre européen sur la transparence dépend de déclarations volontaires. En 2017, Novartis a, par exemple, déclaré près de 2,5 millions d'euros de dépenses en lobbying à Bruxelles et employait au moins huit lobbyistes sur place. Roche, déclare des dépenses de près de 1,5 million et emploie trois personnes. Une enquête de *Corporate Europe Observatory* (CEO) a examiné de près le registre européen de transparence et a constaté que l'industrie pharmaceutique investit des sommes d'argent colossales pour influencer les décisions européennes. Plus de 40 entreprises indiquent qu'elles dépensent 25,3 millions d'euros par an en lobbying et jusqu'à 14,9 millions d'euros par an pour des consultants en lobbying à Bruxelles. Certaines industries incluent leurs dépenses de consultants dans leurs dépenses totales de lobbying et le CEO arrive à une estimation prudente d'au moins 36 millions d'euros par an consacrés au lobbying par les firmes pour influencer les prises de décision européennes. Dans ce but, les entreprises pharmaceutiques et les groupes de pression utilisent pas moins de 290 lobbyistes. L'EFPIA (*European Fédération of Pharmaceuticals Industries and Associations*) est l'un de ces lobbys sectoriels qui font la pluie et le beau temps à Bruxelles avec pas moins de 30 lobbyistes déclarés. Parmi le sujet de prédilection des firmes : « la compétitivité de l'industrie pharmaceutique européenne », le soutien à la recherche et l'innovation, l'UE étant grande pourvoyeuse d'aides publiques, ou encore la protection de la propriété intellectuelle à travers les accords de libre-échange. Cependant, les règles en matière de transparence de l'UE concernant le lobbying restent très faibles, ce qui permet aux Big Pharma de maintenir leurs activités de lobbying largement à l'abri du contrôle public dans ce débat crucial. L'autre faille du registre européen des lobbyistes est le lobbying qui a lieu au sein des États membres de l'UE. Par exemple, pour influencer des positions prises par les gouvernements nationaux au sein du Conseil de l'Union européenne : une institution cruciale et pourtant peut-être bien une des moins transparentes de tout le processus décisionnel européen. Quiconque veut savoir avec qui se réunissent ces différents représentants de l'industrie pharmaceutique se trouve en face du mur du silence.

Même en dehors des instances, les pharma investissent des sommes faramineuses pour accroître leur influence en sponsorisant des évènements, en offrant de beaux cadeaux en nature et en finançant des chaires universitaires. L'industrie exerce une forte influence sur le corps médical depuis des décennies en leur offrant gratifications et contrats rémunérateurs. Cette influence leur permet de peser sur les prescriptions et les décisions des agences sanitaires. Malgré la succession des scandales, la transparence reste très parcellaire dans ce domaine, c'est ainsi que pas moins de 14 millions d'euros de liens d'intérêts auraient été répertoriés en France depuis 2012, pour un montant total de 3,5 milliards d'euros versés aux professionnels de santé. Mais en Europe, ces données ne font pas l'objet de déclarations obligatoires. En France, la déclaration des liens d'intérêts et cadeaux est obligatoire et les données rendues publiques sur la base « Transparence Santé » créée en 2012 suite au scandale du Mediator®. Les entreprises pharmaceutiques sont censées y répertorier les avantages d'une valeur supérieure ou égale à 10 euros offerts aux professionnels de santé, quels qu'ils soient ainsi que les contrats passés avec eux. Cette dernière est sous la responsabilité du ministère de la Santé, mais est si mal conçue que les informations sont quasi inaccessibles et difficiles à exploiter pour le commun des mortels. La base de données de l'association *Euro For Docs*, www.eurofordocs.fr simplifie l'accès à la base Transparence Santé, en nettoyant les données et en offrant une interface simplifiée. Dans la plupart des autres pays européens, ce sont les laboratoires eux-mêmes qui ont mis en place un dispositif de transparence. Comme on peut l'imaginer, ce dispositif permet surtout de cacher beaucoup de liens financiers sous une façade de transparence avec pour principal résultat d'avoir jusqu'à présent évité l'émergence de lois ambitieuses en Europe. Le nouveau site www.eurofordocs.eu, mis en ligne le 1er juin 2021, collecte les informations dispersées par l'industrie dans une base unique à laquelle il vaut mieux se fier.

Aux USA, en 2016, le *Service Open Payments Data* a enregistré des versements totalisant 2,78 milliards de dollars aux médecins et aux hôpitaux universitaires, ces sommes colossales ne concernant que des frais de déplacement, de repas ou les honoraires de conseil, etc. Le financement de la recherche n'en fait pas partie. Il est donc aisément facile d'imaginer pourquoi les médecins ne prennent pas position ou s'abstiennent dans les discussions sur le prix des médicaments.

Même si le lobbying et le sponsoring sont des méthodes de relations publiques courantes et légales, quand cela ne fonctionne pas, les industriels les moins scrupuleux n'hésitent pas à recourir aux pots-de-vin. Le laboratoire suisse Novartis, par exemple, a de l'expérience en la matière, puisqu'aux États-Unis, la firme a illégalement rémunéré des médecins en échange de prescriptions devant verser par la suite 390 millions de dollars dans le cadre d'un compromis judiciaire à ce sujet. Des cas similaires ont été rapportés dans d'autres pays, des accusations de corruption ayant été émises contre l'entreprise en Grèce ou Novartis aurait soudoyé des milliers de médecins et de fonctionnaires pour lancer ses produits, selon le ministère grec de la Justice. Près de dix anciens hauts fonctionnaires du gouvernement seraient incriminés parmi les personnes concernées.

Des sommes vertigineuses consacrées au lobbying et aux relations publiques et des firmes n'ayant pas peur des pénalités pour activités d'influence illégales, il est logique d'en déduire qu'une bonne partie des médecins et des politiques ne sont pas indépendants et qu'ils ne feront pas grand-chose pour favoriser une plus grande équité en faveur du prix des médicaments. La seule solution à ce phénomène serait d'une part, une plus grande transparence qui permettrait de limiter l'influence des firmes et d'autre part, de divulguer les coûts réels en R&D des nouveaux médicaments. Une fois ces données disponibles, il serait peut-être possible de fixer des prix légitimes et supportables pour les systèmes de santé publique. Gageons que l'idéologie dominante post-Covid signe le retour à un meilleur équilibre entre le bénéfice collectif et le bénéfice privé… Pas si sûr…

## 9. Innovation ouverte : la boîte de Pandore

Jusqu'aux années 1980/1990, les entreprises du médicament étaient caractérisées par une très forte intensité capitalistique et un haut niveau de R&D ainsi que par une grande lenteur dans les générations de produits. L'aspirine est la même de nos jours que depuis 80 ans. Avec la fin des brevets sur les médicaments qui avaient assuré leurs profits historiques et alors que la majorité des molécules d'antan étaient d'origine chimique, les firmes se sont donc tournées vers les traitements basés sur les biotechnologies, l'apparition de nouvelles méthodes de recherche les ayant laissées prisonnières de leur inertie organisationnelle. Aussi, à la place de mener des centaines de programmes de recherche simultanés, elles se concentrent désormais sur un petit nombre de molécules stratégiques d'un point de vue financier. Il n'est plus question d'investir dans des recherches internes, via leurs propres équipes : les dirigeants préfèrent racheter des start-up détentrices de brevets, le laboratoire prenant en charge les étapes ultimes du développement et surtout la commercialisation et le lobbying. Ces start-up bénéficient, entre autres, de trois avantages sur les Big Pharma. Elles profitent à la fois d'une spécialisation et d'une expertise poussées des chercheurs qu'elles recrutent. Mais surtout, elles préservent au mieux leur structure légère et souple afin d'être réactives face aux changements technologiques et aux bouleversements des découvertes.

C'est la loi *Bayh-Dole* de 1980 qui a ouvert aux USA, la boîte miraculeuse en incitant les universités américaines à breveter et à valoriser leurs découvertes, ce qui a transformé le système. Dès ce moment, les laboratoires pharmaceutiques ont liquidé leur recherche fondamentale qui a longtemps été l'apanage de ces grands groupes. Ça coûtait beaucoup moins cher de surveiller le marché des biotechs et de racheter très cher les pépites et de leur presser le citron. Tous les succès des firmes que ce soit Astra-Zeneca, Pfizer ou Novartis, ne vient pas de molécules produites par leur recherche interne, car ils n'en ont plus, mais de biotechs qu'ils ont rachetées. Alors oui, c'est bien BioNTech qui a inventé le vaccin qu'on est nombreux à avoir testé, Pfizer ne faisant que le commercialiser et s'en mettre plein les poches. C'est important de remettre les choses à leur place, car c'est le modèle dominant actuel : le vaccin c'est BioNTech ! Un modèle financiarisé. L'industrie pharmaceutique est donc devenue le bénéficiaire final de l'innovation thérapeutique publique (avec nos sous) et ne se charge que de la fabrication en masse, du packaging, du marketing, du lobbying et de la distribution. Le modèle suit ce schéma : un laboratoire public fait une découverte majeure, une structure de valorisation est créée où est logée la propriété intellectuelle puis des systèmes de capital-risque viennent financer la recherche et le développement en aval. Huit sur dix de ces sociétés coulent, car au bout de cinq ans elles n'ont pas fait la preuve que leur molécule deviendra un médicament. Et les deux qui survivent deviennent les vecteurs d'innovations rachetées très cher par les grosses firmes qui vont valoriser le produit. Il faut savoir qu'aujourd'hui, la très grande majorité des nouvelles molécules conduisant à des médicaments sont conçues dans ces biotechs, parfois de très petites tailles qui soit vendent leurs brevets à des firmes, soit sont simplement acculées à être rachetées par elles.

Certes, le développement des biotechnologies peut être considéré comme une rupture technologique ou comme un nouveau paradigme scientifique, car elles proposent des outils permettant de rationaliser la recherche. Elles ouvrent aussi des perspectives plus larges que celles qu'offre la chimie, mais, en contrepartie, le niveau de complexité augmente et nécessite de plus grandes compétences : chimie, biologie, génie génétique, informatique, etc. Elles ont suscité une crise de l'innovation sans précédent chez les géants, les compétences et connaissances pour maîtriser à la fois de nouveaux principes scientifiques et de nouvelles méthodes de R&D étant beaucoup plus pointues et diversifiées, mais surtout plus intersectorielles et interdisciplinaires : la concurrence se situait en amont. Les firmes se sont trouvées face à une relative impossibilité d'acquérir ces connaissances en interne, leur structure les rendant inaptes et inertes aux changements. Elles ont donc entrepris d'ouvrir leur processus de recherche selon le concept de l'*open innovation* (innovation ouverte), qui consiste à considérer que les meilleures idées ne se trouvent pas forcément à l'intérieur de l'entreprise, mais peuvent être captées dans l'écosystème : achats de licences, collaborations ou encore rachat d'entreprises. Le secteur s'est donc tourné sur deux types d'acteurs : les start-up spécialisées dans les biotechnologies et les laboratoires publics. Les start-up opèrent d'abord la découverte scientifique grâce à un savoir-faire très complexe et les grands groupes achèvent le développement du produit en s'occupant de la mise sur le marché grâce à leur puissance financière et industrielle. Les laboratoires publics sont eux, entrés dans le système en essayant de trouver des applications à leurs recherches et en traitant directement avec les firmes. Dans ce modèle d'innovation ouverte, le facteur clé du succès réside dans la gestion du portefeuille de relations avec les différents acteurs : universités, start-up, concurrents, afin de déceler les pépites et de les intégrer dans le portefeuille de produits de la firme et de les commercialiser. Le poids de la financiarisation dans cette stratégie d'innovation ouverte et d'externalisation de la R&D n'est pas des moindres, car chez Big Pharma, les intérêts financiers ne sont jamais loin. Avec l'innovation ouverte, les grands laboratoires sont donc passés du principe de gouvernance fondé sur le réinvestissement à une logique de redistribution pour l'actionnaire, impliquant une réduction des dépenses. Cette stratégie permet aux firmes de réduire leurs coûts en R&D pour dégager du bénéfice à redistribuer aux actionnaires. Le jeu concurrentiel s'est, quant à lui, reconfiguré sous la forme de « luttes-coopérations », où chaque entreprise doit se construire et gérer un portefeuille d'alliances suffisamment puissant pour intégrer les enjeux scientifiques, techniques, industriels et commerciaux des nouvelles données. Le challenge les a menés vers une concurrence élargie et collective. Il ne s'agit plus d'innover pour concurrencer, mais de se faire concurrence pour ensuite pouvoir coopérer et innover ensemble. Car, si la structure d'une start-up offre l'opportunité de combinaison des éléments techniques et scientifiques énormes, les découvertes ne sont pas toujours adaptées aux exigences requises par la mise en œuvre industrielle des procédés de fabrication. Alors que le développement de nouveaux médicaments s'étale sur plusieurs dizaines d'années, les investisseurs exigent de la rentabilité à court terme. Externaliser la R&D permet aux dirigeants de ces groupes de concilier ces deux exigences. Ce sont donc les start-up qui endossent les risques, les investissements et les temps de développement des premières phases de R&D avec les moyens du bord et les gros laboratoires gèrent les phases de développement commercial et empochent les dividendes. Le salaire d'un chercheur public en France est de 30.000 à 50.000 €/an…

Dans les années 2010, toutes les grandes firmes ont mis en place cette forme de restructuration, ce qui leur permet de rester dans la course, grâce à ces pratiques : alliances avec ou rachat de start-up, partenariats de recherche avec des pairs. Cette époque coïncide aussi avec une augmentation du poids des fonds d'investissement dans leur capital. Les programmes se sont aussitôt orientés vers la réduction des coûts en R&D, l'optimisation des stratégies d'innovation ouverte et la rationalisation des portefeuilles de projets. Sur le plan pratique, ces restructurations se sont manifestées par la réduction de leurs équipes de R&D et par l'abandon de projets de recherche. Par contre les dividendes versés aux actionnaires n'ont cessé de croître et sont désormais promis aux investisseurs en amont. L'activité des firmes s'est donc trouvée asservie aux taux de redistribution annoncés. Les cours boursiers ont, par ailleurs, augmenté sensiblement depuis la mise en place de ces programmes de restructuration pour l'ensemble des laboratoires.

## 10. Focus : argent plein les poches

De nos jours, l'industrie pharmaceutique n'a donc plus rien à voir avec ce qu'elle était il y a une cinquantaine d'années, voire il y a vingt ans. Les labos de plus en plus gros, de plus en plus financiarisés sont devenus de véritables machines à siphonner des milliards d'euros ou de dollars pour les redistribuer aux actionnaires, notamment les plus grands fonds de Wall Street. Si les fabricants de médicaments sont parmi les plus grandes multinationales au monde, elles sont aussi les plus lucratives pour les marchés financiers. Désormais, le prix de certains médicaments dits innovants atteint le demi-million d'euros. Et, en parallèle, les plans de suppressions d'emplois se succèdent, comme Sanofi qui, en 2015, en était à son troisième plan social depuis 2009, et ce n'était pas le dernier. Depuis 1990, le chiffre d'affaires cumulé des labos a été multiplié par plus de six, leurs bénéfices par cinq, leurs dividendes par plus de 12. Alignées sur le prix des marchés financiers, ces multinationales ne regardent pas en arrière. Les successions de fusions, de revente de filiales ou de changement de nom, font que les traces s'effacent rapidement. Les dirigeants eux-mêmes cherchent à effacer la mémoire d'entreprises vouées à se restructurer en permanence pour se plier aux règles de la compétitivité et à la loi du marché. Si l'on suit l'évolution de onze laboratoires parmi les plus gros au monde : Sanofi, Novartis, Astra-Zeneca, GlaxoSmithKline (GSK), Merck, Eli Lilly, Roche, Abbott, Pfizer, Bristol Myers Squibb (BMS) et Johnson et Johnson, entre 1999 et 2017, leur chiffre d'affaires a été multiplié par deux, pour atteindre la somme record de 395 milliards d'euros en 2017. En parallèle, la valeur de leurs actifs a été multipliée par 3,3 pour atteindre 873 milliards d'euros. Les dividendes et rachats d'actions directement redistribués aux actionnaires ont, quant à eux, été multipliés par 3,6 pour atteindre 71,5 milliards d'euros en 2017 alors que les bénéfices nets n'ont augmenté que de 4,4 % sur la même période. Entre 1999 et 2017, ces mêmes laboratoires ont engrangé 1019 milliards d'euros de bénéfices : largement de quoi investir massivement pour trouver des traitements aux maladies sévissant partout dans le monde. Eh bien, non ! Ils ont directement reversé 925 milliards à leurs actionnaires sous forme de dividendes et de rachat d'action : soit 90,8 %. Derrière ces chiffres faramineux se cache une croissance inflexible des dividendes au cours des années. En 1999, ces onze laboratoires distribuaient 57,4 % de leurs profits aux actionnaires ; en 2017, le taux de redistribution s'élevait à 141,9 %... Avec les actionnaires, les autres grands gagnants sont les dirigeants de ces firmes qui voient leur rémunération largement alignée sur les sommes reversées aux marchés financiers sous forme en particulier de *stock-options*.

En contrepartie, l'impôt sur les sociétés versé par ces mêmes entreprises est resté globalement stable depuis 1999 : un peu plus de 13 milliards d'euros. Leur taux d'imposition moyen se situait entre 26 et 28 % vers les années 2000 pour descendre à 19 % en 2015 et 2016. Une stratégie d'évitement fiscal prisée des grands labos consiste aussi à localiser leurs brevets et leurs marques dans des pays à faible taxation. Chacune de leurs filiales est alors censée verser des royalties à cette filiale dédiée. Les profits sont beaucoup plus élevés dans les pays offrant des taux d'imposition faibles ou nuls et où ces entreprises ne vendent pas la majorité de leurs produits. Dans ces pays le taux de profit est de 31 % en moyenne : 43 % en Irlande, juridiction particulièrement prisée des entreprises américaines et de 34 % aux Pays-Bas, contre 5 à 7 % dans les pays affichant un taux d'imposition particulièrement élevé, notamment les pays industrialisés dont la France fait partie. Ces transferts réduisent d'autant leurs revenus imposables et donc leur ardoise fiscale dans les pays ou leurs médicaments sont majoritairement vendus.

L'industrie qui illustre l'emprise croissante des marchés financiers est bien celle du médicament. Son actionnariat est largement dominé par les grands gestionnaires de fonds de Wall Street, ces investisseurs institutionnels sans visage qui imposent aux entreprises la loi du cours de la Bourse, genre BlackRock ou Vanguard, très présents au capital des géants pharmaceutiques et qui en retirent eux aussi chaque année des milliards de dollars. Ces gros investisseurs sont modérés comparés à d'autres secteurs de Wall Street très présents aussi dans le pharma : tels les « *hedge funds* » ou fonds de capital-risque qui investissent dans le secteur des biotechnologies pour s'assurer le contrôle des brevets stratégiques en faisant immanquablement monter les prix. Ce sont eux qui se trouvent derrière les plus retentissants scandales des dernières années comme le prix ahurissant des traitements contre l'hépatite C. D'un côté, le cours de la Bourse, les dividendes et les rémunérations patronales qui atteignent donc des records. De l'autre côté, aussi paradoxal soit-il, les fabricants de médicaments sont aussi soutenus à bout de bras par les pouvoirs publics et les collectivités. Une proportion importante des profits réalisés par les Big Pharma, provient en dernier lieu et aussi des contribuables et des assurés sociaux, même si les labos préfèrent garder un maximum de discrétion sur cette dépendance et qu'il est difficile de la chiffrer. Pourtant, ce sont bien les pouvoirs publics qui leur assurent des profits garantis reconductibles d'année en année. Si l'on déplore souvent le désinvestissement des États pour la recherche, les pouvoirs publics, n'en sont pas moins d'importants financeurs, notamment de la recherche fondamentale. Les laboratoires publics jouent souvent un rôle crucial en amont du processus de développement des médicaments, mais sans en retirer des bénéfices ultérieurs. Le privé prend par la suite le relais pour les phases de développement, de tests et de commercialisation. Ou alors, les chercheurs sont encouragés par les autorités publiques à valoriser leurs travaux en créant une start-up destinée in fine à être rachetée par un laboratoire pharmaceutique. C'est ainsi que le très controversé pour son prix, Solvadi® (*sofobuvir*) de Gilead, trouverait en partie ses origines dans des travaux réalisés à l'université de Cardiff. Même si les données manquent en France, une étude réalisée aux États-Unis montre que les 210 médicaments approuvés entre 2010 et 2016 dans le pays avaient bénéficié d'une façon ou d'une autre du soutien financier du *National Institues of Health* (NHI), l'agence publique de recherche en santé. Les sommes déboursées sur la période s'élèvent à pas moins de 100 milliards de dollars… Cela n'empêche pas moins les pouvoirs publics et les contribuables de payer deux fois ces produits, en s'acquittant des prix élevés exigés par les firmes pour des médicaments qu'ils ont contribué à mettre sur le marché. L'Union européenne est aussi une source importante de soutien financier à la recherche pour les laboratoires pharmaceutiques. Le programme « *Innovative Medicines Initiative* » (IMI) lancé en 2009 puis relancé en 2014 pour un montant de 3,3 milliards d'euros sur 10 ans, a été souvent critiqué comme une forme de subventionnement caché, car il permettait aux firmes de financer leurs recherches existantes plutôt que d'en lancer de nouvelles tout en encourageant les structures de recherche publique à se lier aux laboratoires en leur laissant le droit de propriété intellectuelle résultant des collaborations.

En France, de nos jours, l'État continue de soutenir le secteur pharmaceutique avec des prises de participation pour favoriser le développement des biotechnologies. En 2015, la BPI (Banque Publique d'Investissement) a financé plusieurs firmes locales de biotechnologie, non pas pour asseoir la présence du secteur public, mais pour leur permettre de se développer et d'être rachetées plus tard par des investisseurs. Ce type de partenariat « public privé » est souvent une façade pour subventionner des projets conçus par des industriels et façonnés pour satisfaire leurs besoins. Mais les États ne sont pas les seuls pourvoyeurs de fonds à Big Pharma. Les collectivités locales leur accordent aussi de belles subventions et autres formes d'avantages financiers et matériels, même si les chiffres ne sont pas rendus publics en France. Quant au Crédit d'Impôt Recherche (CIR), initialement mis en place dans notre pays, pour soutenir la recherche et le développement en permettant aux entreprises investissant dans ce domaine de déduire de leurs impôts une partie des frais engagés, il a donné lieu à beaucoup d'abus. Un rapport du Sénat sur le sujet a même été censuré au nom du secret fiscal avec pour résultats qu'on ne connaît pas les montants exacts reçus au titre du CIR et qu'ils ne sont pratiquement plus rendus publics par les entreprises concernées. D'autres formes de soutien à la compétitivité des entreprises, au-delà du CIR, les entreprises pharmaceutiques bénéficient aussi dans notre pays du CICE (Crédit d'impôt pour la compétitivité et l'emploi), ou encore d'allégements de cotisations sociales pour les bas salaires. Le prix des médicaments et les taux de remboursements sont aussi une autre manière utilisée par les pouvoirs publics pour soutenir le secteur pharmaceutique, le CEPS (Comité économique des produits de santé) ayant pour mission implicite d'assurer non seulement les besoins en santé publique et de minimiser les coûts pour l'assurance-maladie, mais aussi de préserver la compétitivité des industriels… Les crises économiques sont aussi sélectives que les épidémies : comment expliquer qu'à la mi-mars 2020 alors que les Bourses s'effondraient, l'action du laboratoire Gilead grimpait de 20 % après l'annonce d'essais cliniques sur le Remdivisir. Celle d'Inovio Pharmaceuticals gonflait de 200 % après l'annonce d'un vaccin expérimental, l'INO4800. Celle d'Alpha Pro Tech, fabricant de masques et de protections, bondissait de 232 %. L'action de Co-Diagnostics, quant à elle, flambait de plus de 1370 %, grâce à son kit de diagnostic moléculaire du coronavirus. Comment expliquer qu'au cœur de la tourmente, il soit ainsi possible de s'enrichir alors que le monde entier est dans la peine ?

## 11. Comment Sanofi a raté le coche du vaccin anti-Covid

Leader dans le domaine des vaccins, Sanofi n'a pas proposé de solution satisfaisante pour contrer l'épidémie de Covid-19. Expliquer l'échec du groupe pour son premier vaccin anti-Covid par une erreur opérationnelle lors des essais cliniques de phase 2 reste largement insuffisant. Il s'agirait plutôt de la stratégie financière du groupe qui a refusé d'investir dans l'ARNm et la recherche et développement en général en préférant soigner ses actionnaires. D'ailleurs Sanofi, n'est français que grâce à son siège social qui est en France. Le pack d'actionnaires est multinational et le laboratoire est de nos jours dirigé par Paul Hudson qui n'est pas français, les équipes dirigeantes sont, elles, multinationales. Cela prête un peu à sourire de parler de fleuron français. Quant à Sanofi-Pasteur, la division vaccin du groupe, il faut savoir qu'elle n'a aucun lien avec l'Institut Pasteur, à part le nom, Sanofi n'ayant fait que racheter la marque Pasteur, les ayant droit n'ont rien eu à dire.

Dans les faits, Sanofi-Pasteur est une grosse entité vaccins née de la fusion de sociétés déjà très importantes : la recherche vaccinale de Mérieux, de Synthélabo et d'Aventis. C'est aussi devenu le premier groupe privé de recherche vaccinale au monde. Sanofi-Pasteur est la première entreprise au monde en nombre de types de vaccins fabriqués et couvre une vingtaine de maladies et engendre environ un cinquième des bénéfices annuels du groupe. Son budget de fonctionnement représente aussi environ un cinquième de son budget. Sanofi-Pasteur est aussi une grosse industrie mondialisée, avec une dizaine de sites de vaccins hors France : USA, Mexique, Chine et Asie du Sud- Est. Après s'être construit une taille mondiale, le soi-disant champion français s'est peu à peu aligné sur les règles fixées depuis Wall Street. Par exemple, entre 2007 et 2017, Sanofi a plus donné d'argent à ses actionnaires sous forme de dividendes et de rachats d'actions qu'il n'en a gagné. Autrement dit, la firme n'est pas particulièrement proactive du fait de sa gestion capitalistique et fonctionne plutôt en mode réactif. Il n'y a plus vraiment de recherche fondamentale dans le groupe qui récupère ailleurs quand il y a problème. De plus, il faut que les investisseurs acceptent de mettre de l'argent là où il y aurait besoin de faire de la surveillance et c'est toujours le même quiproquo : les actionnaires adoptent des attitudes à court terme et ne se projettent pas en avant, ce qui serait indispensable pour effectuer une surveillance valable. Dans les années 1980-1990, quand il y avait un peu de recherche fondamentale dans les firmes, une des sociétés qui a contribué à la création de Sanofi-Pasteur avait une branche de recherche sur l'ARN messager, abandonnée, car estimée comme non rentable à court terme. Il est très compliqué de faire avec temps et argent et c'est donc pour cela que Sanofi est passé à côté de solutions innovantes, comme pour la Covid-19. La recherche est une prise de risque, quand on n'en prend pas on se fige et comme ses consœurs Sanofi a tendance à se reposer sur ses lauriers. À faire beaucoup d'argent en ne lançant pas de nouvelles pistes de recherche puisqu'il y a suffisamment de *cash-flow* pour aller chercher ou acheter les start-up capables de créer de nouvelles molécules ou de nouveaux vaccins. Pour le moment, la croissance du groupe est principalement tirée du Dupixent® (*dupilumab*), un anticorps monoclonal indiqué contre l'asthme et l'eczéma, dont les ventes sont en nette progression. Sanofi devait sortir son vaccin en mai 2020, mais quinze jours avant la sortie, annonçait son abandon. D'une part, il n'est pas certain que les actionnaires aient pensé que le coronavirus allait durer et ils n'ont pas mis les moyens nécessaires, l'entreprise est partie en retard et sur une voie complexe, la protéine recombinante, parce qu'elle ne sait pas faire la voie ARNm. Et puis, elle a voulu faire vite et pas cher et, au lieu de faire en interne, a externalisé notamment les produits de dosage. Les deux fournisseurs se sont trompés et cela n'a été découvert qu'à la phase 2 de l'étude clinique. Les vaccins étaient sous-dosés de près d'un tiers et n'avaient aucune efficacité. L'excuse a été qu'il fallait aller vite et que ça arrive de ne pas trouver. Mais dans ce cas, la firme a su faire la protéine recombinante, mais a mal dosé. Pour beaucoup de salariés de l'entreprise, c'est incompréhensible, car cela sous-entend qu'il n'y a pas eu de vérification poussée des fournisseurs. Aller vite et ne pas vérifier la réactivité des produits sous-entend une erreur industrielle et non scientifique. La raison principale tient surtout à de mauvais choix stratégiques : erreur dans le choix des réactifs, décision tardive de s'orienter sur la technologie d'ARNm avec son partenaire Translate Bio. Mais cette erreur de parcours a des racines bien plus profondes. Dans les années 2000 alors que les firmes se tournaient vers les biotechnologies, Sanofi se consacrait toujours aux *blockbusters* avec des médicaments comme le Plavix® (*clopidogrel*), se désintéressant des projets fondés sur les biotechnologies et notamment la branche immunothérapie d'Aventis. Dans les années 2010, Sanofi s'est heurté à la falaise des brevets et a adopté la technique de l'innovation ouverte et multiplié les acquisitions dans l'objectif de mettre au point de nouveaux traitements. Cette stratégie correspondait à l'ensemble des Big Pharma, mais, dans les faits, Sanofi n'a jamais réussi à intégrer toutes ses acquisitions à l'exception de Regeneron en 2003 et Genzyme en 2011 pour assurer son avenir. Par la suite, le groupe a échoué dans plusieurs négociations, supplanté par Pfizer sur Medivation, biotech spécialisée dans le cancer ou encore Actelion, rachetée par Johnson&Johnson. La gestion du portefeuille de Sanofi démontre un frein important des stratégies d'innovation ouverte. Pour qu'elles soient fructueuses, la firme doit être en mesure d'intégrer les nouvelles connaissances et de détecter les opérations prometteuses. En 2018, Sanofi est entré en négociations avec Moderna, mais lui a finalement préféré Translate Bio, spécialisé dans le traitement de la mucoviscidose, en raison du coût de l'opération. Les coupes nettes dans les effectifs de chercheurs depuis 2008, utiles certes, à servir les objectifs financiers du groupe, ont aussi joué un rôle négatif dans cette stratégie aveugle. D'un côté, parce que les chercheurs en interne doivent pouvoir absorber les nouvelles technologies scientifiques - dans le domaine des vaccins par exemple, l'ARNm devient stratégique - d'autre part, car ils doivent être à la pointe de la recherche pour détecter les technologies les plus prometteuses et lancer l'investissement assez tôt.

Dans les faits, Sanofi mène un double jeu : celui de l'externalisation de la recherche depuis une dizaine d'années et la diminution de quasi 50 % du nombre de chercheurs français. En douze ans, ils sont passés de 6000 à 3000. Certaines des activités du groupe ne peuvent pas être menées en Europe, c'est l'argument qui a servi pour trouver des chercheurs ailleurs, car les règles de bioéthiques européennes sont extrêmement cadrées et limitent certaines recherches. Dans les faits, l'idée de Sanofi était d'externaliser la recherche, de racheter des start-up et des brevets à des universités ou à la recherche publique, plutôt que de faire de la recherche en interne. En France, il ne reste que trois sites de recherche, chacun réduit à un minimum. La recherche Sanofi y sera donc extrêmement réduite. De plus, ce laboratoire a été dirigé pendant longtemps par un patron qui venait de chez Elf et n'avait aucune vision de ce que pouvaient être les biotechnologies et a fait prendre des années de retard à l'entreprise qui n'avait pas de voie innovante, car pour lui tout passait par la chimie. La firme n'était pas centrée sur l'ARNm, malgré un partenariat avec la société Translate Bio, l'argent n'avait pas été apporté et le partenariat n'a pas été lancé. Quand est arrivé le coronavirus, l'entreprise ne savait faire qu'un vaccin recombinant (créer la protéine Spike par recombinaison). Vaccin qui devait sortir avant fin 2021. Aujourd'hui le partenariat avec Translate Bio a été relancé pour enfin travailler sur un vaccin à ARNm. Le nouveau directeur général arrivé en 2019, censé incarner le renouveau de Sanofi, a pour le moment annoncé un plan de restructuration impliquant la suppression de 1700 postes en Europe, la cession des médicaments les moins pourvoyeurs de valeur et un plan d'économie de 9 milliards d'euros. Par contre, la vente des parts de Regeneron et de la division santé grand public (Doliprane®,...) devrait dégager du budget pour acheter des start-up en devenir. La nouvelle stratégie du groupe s'appuie sur un budget alloué à la recherche de 6 milliards d'euros. Malgré cet effort de moyens, si Sanofi veut reprendre la place de leader qu'il occupait il y a dix ans, il devra faire preuve de beaucoup plus d'audace et de flair grâce à des chercheurs de pointe et ainsi réenclencher une dynamique d'innovation.

## 12. Vaccins : biotechs *versus* Big Pharma

Moderna, BioNTech, CureVax, Novavax, Valneva... Avec les vaccins, les biotechs ont surgi de l'ombre en 2020 pour surpasser les grands laboratoires pharmaceutiques. Et, c'est par elles que l'industrie pharmaceutique a pu produire un miracle : la mise au point et la commercialisation en un an de plusieurs vaccins efficaces. Inconnues du grand public, ces sociétés de biotechnologie sont désormais célèbres pour leurs vaccins anti-Covid-19 déjà sur le marché ou en cours d'élaboration, coiffant au poteau les grands laboratoires en termes d'innovation. Tout le monde se désole de l'absence de Sanofi, un des meilleurs acteurs mondiaux en termes de vaccins. À vrai dire, il n'est pas le seul à la traîne et c'est même tout sauf une anomalie. Du temps des dernières épidémies, le SRAS en 2003 et le MERS en 2012, il était plus rentable pour les firmes d'investir dans une nouvelle crème de jour que dans un vaccin. Car, c'est comme cela que fonctionne l'industrie pharmaceutique depuis plusieurs décennies : en sociétés d'investissements plutôt qu'en producteurs de médicaments. Ce sont les biotechs qui garnissent son portefeuille. Depuis plus de dix ans, elles ont compris que l'avenir de la pharmacie se situait moins dans leurs centres de R&D progressivement réduits à une portion congrue que dans les laboratoires des biotechs, ces start-up souvent issues de grands instituts académiques qui travaillent sur les créneaux de recherche les plus ardus avec les technologies les plus audacieuses. À grands coups de milliards de dollars, les firmes se contentent d'acquérir projets et sociétés pour garnir leur *pipeline* de produits en développement. C'est l'histoire de Roche avec Genentech ou de Sanofi avec Genzyme. Sans compter la multitude d'acquisitions ciblées qui jalonnent les exercices annuels des laboratoires. La recherche fondamentale est surtout menée dans les universités et dans les Instituts publics, INSERM et CNRS avec de l'argent public, les firmes se contentant le plus souvent d'acheter et de commercialiser tel ou tel produit. En 2020, les trois premiers producteurs de vaccins mondiaux étaient GlaxoSmithKline (GSK), Merck et Sanofi. Début 2021, leurs candidats vaccins étaient par voie de conséquence, encore loin d'une commercialisation, quand trois vaccins de biotechs étaient déjà autorisés dans l'UE et plusieurs autres en passe de l'être. La mise sur le marché des nouveaux vaccins à ARNm a dépassé les pronostics en termes de rapidité et d'efficacité.

Ce nouveau type de vaccins s'appuie sur des recherches menées dans des laboratoires publics et de toutes petites start-up de biotechnologies, notamment aux États-Unis et en Allemagne. Dans ces deux pays, des centaines de millions d'euros ont été versés en 2020, et les précommandes de centaines de millions de doses venues du monde entier ont largement solvabilisé le marché. Leur rapidité et leur réussite face aux grands laboratoires internationaux a, évidemment, bénéficié, de la colossale et inédite vague de financements publics. Surtout aux USA qui ont débloqué plus de 10 milliards de dollars pour soutenir la R&D et la mise en production de vaccins face à la pandémie. Mais aussi avec les préréservations de doses, comme l'UE qui a engagé 2,7 milliards d'euros. Cette manne financière a bien évidemment joué un rôle majeur dans leur succès, non seulement pour le développement des vaccins anti-Covid, mais aussi dans le développement pharmaceutique. Certaines grosses firmes pharmaceutiques ont, quant à elles, tiré profit de leur association avec des institutions publiques, telles Astra-Zeneca avec l'université d'Oxford ou Moderna avec le NIH (*National Institutes of Health*) aux USA. Pfizer, 4e producteur mondial de vaccins a tiré son épingle du jeu en s'associant à BioNTech, jeune entreprise allemande, la plus avancée dans la recherche sur les vaccins à ARNm. Mais le constat est sans appel, les biotechs ont devancé les grosses firmes et leur ont apporté les tout premiers vaccins. L'exemple à part, reste Moderna cette biotech américaine qui a mené son projet en solo, sans s'appuyer sur les Big Pharma pour aller jusqu'au bout avec une technologie inédite pour un vaccin : l'ARNm. Seul BioNTech, mais avec le soutien du géant Pfizer avait réussi ce pari. L'Allemagne a quand même réussi à protéger sa biotech CureVac un temps convoitée par l'administration Trump qui lui aurait proposé d'acheter son vaccin pour un milliard de dollars pour l'utiliser uniquement aux États-Unis, suscitant un refus catégorique de madame Angela Merkel. Au lendemain du deal, l'UE alignait 80 millions d'euros pour soutenir sa biotech.

Dans les faits, il règne une grande confusion notamment médiatique au niveau du rôle joué par chaque laboratoire dans la fourniture du vaccin. Comme si tous, petits et grands exerçaient le même métier et se positionnaient sur le même maillon de la chaîne de valeur pharmaceutique. Or, il n'en est rien, car l'industrie pharmaceutique use de la même stratégie que celle de l'industrie automobile pour accroître son efficience : la sous-traitance. Sous-traitance de la chaîne de production, des essais cliniques ou de l'innovation. Moderna, BioNTech, Novavax,

CureVac, Valneva : sont des biotechs, les véritables machines à innover. Ce sont des sociétés de petite taille, souvent jeunes, dont le métier consiste à concevoir de nouvelles technologies autour des médicaments ou des vaccins avec une vitesse de réaction et la capacité à mobiliser une équipe beaucoup plus restreinte que celle des géants. Moderna et BioNtech, c'est l'ARNmessager, technique jugée révolutionnaire. La R&D leur pèse très lourd financièrement. Elles se financent auprès du capital-risque, des institutions publiques, via des avantages fiscaux ou via le marché lorsqu'elles peuvent s'introduire en Bourse, mais elles accumulent surtout beaucoup de pertes. Finalement, elles sont les sous-traitantes de l'innovation de l'industrie pharmaceutique, le marché de la Covid étant hors de portée pour elles en raison des milliards de doses à fournir. Elles n'ont ni les moyens globaux de financer la recherche, ni les moyens de l'industrialiser, ni la logistique, ni les moyens commerciaux au niveau mondial. Par voie de conséquence, malgré les aides de l'État, d'accords de coopérations globales ou locales, elles sont obligées de s'allier avec les grands laboratoires qui disposent des moyens en interne ou, le plus souvent, pour la sous-traitance de toutes les capacités nécessaires en matière d'essais cliniques, de production, de chaîne d'approvisionnement, de commercialisation, d'informations médicales et de marketing. C'est pour cela que BioNTech a dû passer des accords avec Pfizer, l'un des leaders mondiaux du pharma. Mais il est choquant de toujours entendre dire « vaccin Pfizer », alors que Pfizer n'y est pour rien et que ce n'est qu'une simple opération boursière. De son côté, l'allemand CureVac, coopère avec le géant Bayer pour produire son vaccin acheté à 405 millions d'exemplaires par l'UE. Seule la biotech Moderna a réussi à vendre une idée contre une pluie de milliards de dollars pour un vaccin conçu en quarante-deux jours, faisant jeu égal avec le géant Pfizer et damnant le pion à Sanofi, Merck et Pasteur. Cela, grâce à une technologie pour l'heure, révolutionnaire, celle de l'ARN messager. Procédé développé depuis les années 1990 dans les laboratoires universitaires, puis breveté par des start-up comme eux et ses concurrents de BioNTech ou CureVac sur le front de la Covid-19. Ses scientifiques rhabillés en hommes d'affaires ont réussi d'énormes levées de fonds, on parle de 3 milliards de dollars en une dizaine d'années et bien sûr la totale pour la Covid, le tout payé par le contribuable américain. Mais, si Moderna est la seule à faire la course en solitaire, c'est qu'en fait, elle se repose sur des sous-traitants spécialisés dans la production de médicaments ou de vaccins, qu'on appelle des « façonniers » comme Lonza en Suisse, Rovi en Espagne ou Delpharm en France. La surmédiatisation de Moderna et BioNTech et par voie de conséquence de Pfizer - qui n'a rien inventé du tout- est l'arbre qui cache la forêt. De son côté, Valneva, une petite entreprise franco-autrichienne basée à Nantes, avait tout d'une *success story* comparable à celle de Moderna ou BioNTech. Depuis l'été 2020, elle était lancée dans un partenariat prometteur avec le Royaume-Uni pour élaborer un vaccin contre la Covid-19 sur la base de virus inactivé, technique plus classique que celle de l'ARNm ou de l'adénovirus. Supportant tous les risques, le Royaume-Uni a investi des sommes importantes dans ce projet. Partenariat, faisant d'ailleurs grincer des dents en France, car l'État français, pourtant actionnaire de Valneva, a boudé ce projet made in France pour miser sur Sanofi et l'Institut Pasteur. La résiliation brutale de son contrat avec le gouvernement britannique, son unique client, en septembre 2021 a donné un coup d'arrêt aux ambitions de la firme. Elle doit désormais trouver d'autres clients et s'est tournée vers l'UE alors qu'elle pensait que son candidat-vaccin, le VLA2001, pourrait obtenir une autorisation initiale de mise sur le marché fin 2021. Deux autres laboratoires sont en lice en France. L'Institut de recherche vaccinale (VRI) de l'INSERM, le CEA et l'université Paris-Saclay qui travaillent sur une technologie reposant sur les anticorps monoclonaux utilisés en oncologie, mais jamais dans la vaccination. Ce vaccin innovant permettrait d'obtenir une protection immunitaire plus durable que celle des vaccins actuels. Et Osivax, un laboratoire lyonnais qui planche sur un vaccin contre le SRAS-CoV-2 et ses futurs variants en ciblant une réponse immunitaire cellulaire grâce aux lymphocytes T. Les essais cliniques étaient prévus pour début 2022.

La course au vaccin a attisé la guerre de tous les laboratoires, car les Big Pharma participent aussi à ce challenge. Tous les prétendants s'agitent pour cet enjeu de santé publique et d'image et accessoirement de business. L'enjeu est d'autant plus grand que le SRAS-CoV-2 a des caractéristiques élevées de mutation. Ce virus pourrait devenir saisonnier et endémique et donc susceptible de donner lieu à des campagnes de vaccination récurrentes. Comme pour la grippe, il faudrait réactiver à chaque vague l'immunité des personnes en fonction des souches qui apparaîtront. Donc tous les laboratoires, petits ou grands, misant sur une technologie innovante ou éprouvée, selon leurs ressources et compétences, sont en lice. Pour les biotechs, telles CureVax ou BioNtech allié à Pfizer, ce sont les technologies émergentes qui sont favorisées. Les vaccins à ADN ou ARNm synthétique, genre de logiciel incitant les cellules à produire les protéines caractéristiques du coronavirus qui provoqueront la réaction immunitaire du patient. Technologie qui permet de gagner du temps et surtout de faire baisser les coûts de production, car, contrairement aux vaccins traditionnels, ceux à base d'ARNm ne nécessitent pas de culture cellulaire et ne font pas intervenir d'autres composants biologiques impliquant un processus long, complexe et coûteux. Pour Novavax, société américaine, le vaccin est nommé NVX-CoV2373. Il s'agit d'un vaccin à protéine recombinante permettant d'injecter une protéine très proche de la protéine Spike afin de déclencher la production suffisante d'anticorps permettant de contrer la protéine S du coronavirus. L'UE en a commandé près de 200 millions de doses, mais après approbation de l'EMA. Les grands laboratoires, quant à eux, capitalisent plutôt sur les acquis de la méthode traditionnelle : injecter dans un virus entier les gènes du virus responsable de la maladie pour provoquer l'immunité du patient. Les géants Johnson et Johnson ou Astra-Zeneca ont misé sur un vaccin à vecteur viral, plus traditionnel. Idem pour Sanofi/GSK à la traîne, avec leur vaccin à adjuvant à base de protéine recombinante prévu pour fin 2021. En juin 2021, Sanofi a annoncé se lancer dans la course à l'ARNm en collaboration avec la biotech Translate Bio pour, finalement, se rétracter en septembre, se trouvant trop devancé ! Si dans cette course au vaccin, les plus rapides ont été quelques biotechs, les Big Pharma suivent donc, mais avec une véritable puissance de feu que n'ont pas les start-up. Cette épidémie leur offrant une opportunité commerciale sans précédent, elles multiplient les annonces pour faire grimper leur côte en Bourse et toutes sont à la recherche d'un vaccin ou d'un médicament dans le but de doubler ses concurrents. Le monde d'après s'écrira donc toujours avec les Big Pharma. C'est ainsi que fonctionne cette industrie de nos jours : des sociétés spécialisées innovent grâce à des fonds publics ou de capital-investissement ou à la Bourse; quelques-unes gagnent, la plupart échouent. Mais ce sont bel et bien les grosses firmes qui rafleront la mise à terme et pas seulement au plan médiatique. Avec ou sans Covid, les sommes en jeu, les moyens industriels et commerciaux indispensables sont si énormes que les biotechs doivent ou devront passer des contrats avec les géants de la pharmacie pour produire et commercialiser leurs innovations. Ces derniers ayant une expertise irremplaçable pour la production, la logistique et le marketing des médicaments. Et bien souvent, ces start-up sont rachetées par les grandes firmes qui ramassent la mise sans rien avoir inventé. Et qui voudra désormais donner cinq euros pour aider la recherche pour telle ou telle cause médiatisée par le lobby des associations de malades alors que cela finira inéluctablement dans les poches de Big Pharma ?

L'épidémie de Covid a donc été l'occasion d'une forte accélération dans la mise au point des vaccins, grâce à l'implication de nombreux acteurs publics et privés et à l'apport considérable de fonds publics, principalement aux États Unis. Les acteurs habituels de ce domaine n'ont pas joué de rôle central dans cette pandémie, même si quelques-uns ont su nouer des alliances gagnantes. Cela permet, tout de même, d'accélérer la réflexion sur un futur modèle de recherche en matière thérapeutique et le rôle optimal des différents acteurs et surtout de savoir en tirer une leçon. Il manque en Europe et surtout en France un véritable écosystème qui puisse permettre l'éclosion de ces start-up, mais surtout leur passage de la recherche fondamentale à la recherche appliquée avec des financements privés et publics conséquents qui font encore défaut aujourd'hui, notamment en France. L'argent public nord-américain a été déterminant dans le succès des vaccins à ARNm, même pour celui conçu en Europe. Mais rien n'est gagné dans le modèle capitalistique actuel et de pouvoirs publics à ses bottes…

## 13. Gros sous et monopole : vaccin pour tous ?

De 13,6 milliards de dollars en 2021 sur les sept principaux marchés où ils sont diffusés, le chiffre d'affaires des vaccins anti-Covid-19, passera à 19,5 milliards en dollars en 2026. Soit un taux de croissance annuel de 7,6 % si la vaccination devait se poursuivre et être renouvelée périodiquement. Pfizer/BioNTech et Moderna se sont imposés d'emblée avec leur vaccin à ARNm. Ces vaccins sont arrivés en tête dans les campagnes de vaccination en Europe et aux États-Unis et dominent à 95,64 % le marché. Pfizer/BioNTech a empoché la mise avec des ventes de vaccins estimées à 9,5 milliards de dollars contre 3,5 milliards de dollars pour Moderna. La pandémie de Covid-19 a toutefois changé le cours de l'histoire de Moderna qui n'avait jamais commercialisé le moindre médicament avant. La capitalisation boursière de Moderna était fin août 2021, de 160 milliards de dollars, soit presque deux fois la taille du géant biotech Gilead Sciences, elle dépasse celle de Sanofi et Amgen et n'est pas loin de rejoindre Merck. Une nouvelle phase de hausse avait été entamée en juin en raison de l'apparition des nouveaux variants du virus, la technologie ARNm pouvant être facilement modifiée pour les combattre. Ultime phase d'accélération des titres : la protection du vaccin commence à faiblir après plusieurs mois, confirmant la nécessité de vaccinations de rappel. Les solutions choisies par les autorités sanitaires pour contenir les variants : 3e piqûre de rappel et/ou davantage de vaccination suivant trois hypothèses, leur seront bien sûr profitables. Soit, les vaccins seront requis chaque année ou bien la vaccination annuelle sera conseillée aux populations à haut risque de plus de 65 ans et plus tandis que les moins âgés n'auront besoin d'un rappel que tous les deux ans. Dans le troisième scénario, la population à haut risque de 65 ans et plus recevrait un vaccin tous les deux ans alors que les moins de 65 ans n'en auraient besoin que tous les cinq ans. Le vaccin anti-Covid-19 n'est donc pas un phénomène éphémère et les revenus liés à ces vaccins pourraient rester relativement élevés ces prochaines années. « *Le lancement de nouveaux vaccins réduira la part de marché des vaccins à ARNm de 95,4 à 85 % d'ici 2026, mais les vaccins de Pfizer/BioNTech et Moderna resteront dominants* », selon Philippe Rosembaum, analyste pharmaceutique principal chez Global Data. Les seuls obstacles à leur croissance resteront les faibles taux de vaccination en raison du scepticisme qui pourraient être renforcés si davantage d'effets indésirables étaient observés au long cours avec les vaccins à ARNm. À moins qu'un médicament transcendant ne vienne soudainement bousculer la donne… Merck, associé à la biotech Ridgeback Biotherapeutics, nous a tenus en haleine avec son antiviral *molnupiravir* (Laverio®) qui réduirait de 50 % les risques d'hospitalisation et significativement les risques de décès. Finalement, il a reçu un avis défavorable de la Commission de la transparence de la Haute Autorité de santé, pour manque de données convaincantes en janvier 2023. Pfizer suivait avec son Paxlovid® (association *nirmatrelvir/ritonavir*), médicament déjà développé en 2002 lors de l'épidémie de SRAS-CoV-1 jugé efficace contre le SRAS-COV-2, virus à l'origine de la Covid-19, prenant de vitesse Atea Pharmaceuticals, Roche et compagnie. Le laboratoire a signé un accord de licence volontaire en vue de créer des génériques dans de nombreux pays à bas revenus… Pilules qui néanmoins pourraient rapporter des milliards… c'est ainsi qu'entre vaccins et traitements, Pfizer prévoyait 54 milliards de dollars de ventes en 2022.

Pourtant, bien qu'ils aient été mis au point avec des financements publics, les compagnies pharmaceutiques vendent les vaccins au plus offrant. Tout au plus acceptent-elles d'en garder des doses dans leur pays d'origine. Cependant, jamais dans l'histoire, les gouvernements n'ont acheté autant de doses vaccinales aussi rapidement pour lutter contre une maladie. La production à grande échelle et la solvabilité des pays les plus riches auraient par conséquent dû faire baisser les prix. Selon l'OXFAM (*Oxford comittee for relief*), membre de *People's Vaccine Alliance* : « *Les monopoles des vaccins rendent au moins cinq fois plus cher le coût des vaccins anti-Covid. La France aurait payé 4,6 milliards d'euros de plus que le coût de production des vaccins Pfizer et Moderna. Pour l'UE, le surcoût atteindrait 31milliards d'euros* ». L'analyse des techniques de production des principaux vaccins à ARNm suggère que le prix d'une dose vaccinale ne reviendrait seulement qu'à 1,20 dollar (1,02 euro) à nos deux entreprises. Mais on est bien loin de ce montant pour les prix de vente. Le coût de la vaccination mondiale serait au moins cinq fois plus élevé que ce qu'elle devrait être. Effectivement, les deux sociétés pharmaceutiques qui ont vendu plus de 90 % de leurs vaccins aux pays riches auraient facturé jusqu'à 24 fois le coût potentiel de production. Dans les pays à revenu faible et intermédiaire, le programme COVAX, mis en place par les Nations-Unies pour accéder aux vaccins aurait aussi payé jusqu'à cinq fois plus que nécessaire et a toujours eu du mal à obtenir suffisamment de doses en raison de l'insuffisance de l'offre et du fait que les pays riches en ont accaparé la majorité en payant des prix excessifs. Pire, l'UE aurait payé des prix encore plus élevés pour sa deuxième commande de Pfizer/BioNtech. L'escalade dramatique des prix devrait se poursuivre en l'absence d'actions gouvernementales et avec la possibilité que des injections de rappel soient nécessaires dans les années à venir. Ainsi, le PDG de Pfizer aurait suggéré de facturer aux pays riches des prix potentiels allant jusqu'à 175 dollars la dose soit 148 fois plus que prix potentiel de production.

Même si certains pays ont distribué une partie de leurs doses excédentaires aux plus démunis et ont pris des engagements de financement, cela n'est pas suffisant pour résoudre les problèmes d'approvisionnement mondial. Et malgré le déluge de bonnes intentions formulées lors du premier confinement, dans la société refondée qui devait suivre, les vaccins devaient être des biens publics. Mais les promesses sont restées des vœux pieux. Pourtant à l'initiative de l'OMS deux protocoles avaient été mis en place pour traduire en faits cet élan de solidarité internationale. Tout d'abord le mécanisme COVAX, censé permettre le groupement des achats afin de garantir à 190 pays et territoires un accès équitable aux vaccins. L'objectif affiché était très ambitieux : fournir deux milliards de doses d'ici la fin 2021. Second mécanisme : le programme d'accès à la technologie de la vaccination contre la Covid-19 ou C-TAP (*Covid-19 Technology Access Pool*) qui devait garantir le partage de la propriété intellectuelle, des connaissances et du savoir-faire nécessaires pour produire des vaccins à grande échelle y compris dans les pays en développement. Le C-TAP est resté lettre morte tandis que le mécanisme COVAX arrive péniblement à décoller à tel point que l'OMS a parlé d'une échéance en 2022, voire 2024… Dans les faits, le néolibéralisme l'a encore emporté au profit des multinationales. Malgré la grande opacité qui a toujours entouré les accords d'achats de vaccins anticipés, certaines fuites laissent à penser à une socialisation des pertes et à une privatisation des profits. Pourtant, les labos ont été subventionnés à coups de milliards d'euros d'argent public pour la R&D puis la production massive des doses, limitant largement leurs risques. Enfin, la responsabilité des entreprises a été réduite au maximum en cas de survenue d'effets secondaires graves qui seraient assumés là encore par les États signataires. Seulement, ces dernières conservent le monopole sur les brevets, négocient âprement les prix avec les États et restreignent les dons et les reventes éventuelles aux pays en développement. Les firmes pharmaceutiques sont repliées sur leurs brevets, on comprend mieux pourquoi les mécanismes C-TAP et COVAX ne fonctionnent pas. En juin 2021, sur le 1,9 milliard de doses administrées dans le monde, seuls 0,3 % auraient bénéficié aux 29 pays les plus pauvres (9 % de la population mondiale) où la pandémie faisait des ravages. Dans les faits, moins de 10 % de la population mondiale aurait reçu la première dose de vaccin, dont moins de 2 % en Afrique. Les mieux nantis étant les pays les plus riches du monde, représentant 1,16 milliard de personnes et qui ont commandé à l'avance 4,6 milliards de doses. Le fossé s'est donc creusé au fil des mois entre les pays riches et les pays les plus pauvres susceptibles pourtant de générer des variants pouvant remettre en cause l'efficacité même des vaccins déjà sur le marché, notamment l'Inde.

Garantir l'égalité des chances pour tous, même à l'intérieur de chaque pays, impliquerait de revoir de fond en comble les règles du marché pharmaceutique. La crise a d'ailleurs fourni un cas d'école sans précédent du modèle économique dominant appliqué aux Big Pharma. En dépit de l'intrication croissante entre recherche fondamentale et fonds publics avec le secteur privé, les droits sur la propriété intellectuelle ne cessent de se renforcer. De surcroît, les fonds publics, par le biais des systèmes de santé, rendent solvable le marché pharmaceutique qui fonctionne selon un mécanisme d'enchères, comme on l'a vu précédemment. Face à la captation des ressources publiques et à la pénurie de vaccins, nombre de professionnels de santé, de militants, d'ONG (Organisations non gouvernementales) ou bien certains pays ont uni leurs voix lors de « l'appel de Paris » du 11 mars 2021, afin de presser les États d'activer « la licence obligatoire », car ce concept existe. Une initiative citoyenne a été lancée dans la foulée au plan européen, sous le mot d'ordre : « *Face au Covid tout le monde mérite protection* », une pétition à signer a été mise en ligne, exigeant la plus grande transparence sur les contrats conclus par les autorités avec les entreprises du médicament. Le 6 juillet 2021, dans une déclaration, la Fédération mondiale des travailleurs scientifiques (FMTS), rejoignait les Commissions d'éthique de l'UNESCO qui affirment que *« la disponibilité des vaccins pour tous, dans tous les pays, est une question éthique essentielle »* et que les vaccins doivent devenir un « *Bien commun mondial* » effectif.

La Covid-19 n'est pas derrière nous, et en l'absence de médicaments probants et sans danger mis sur le marché à l'heure où j'écris, la vaccination de masse s'imposera toujours comme la stratégie la plus efficace pour restreindre la circulation virale et réduire la fréquence des formes graves de la maladie. D'autant plus, que nul ne sait si les vaccins actuels protégeront efficacement de l'émergence éventuelle de nouveaux variants plus agressifs. La survenue du variant Omicron a été un signal inquiétant ! Malheureusement, certains pays n'ont pas accès aux vaccins qui restent une denrée rare, voire inexistante. La levée des brevets sur ces produits permettrait donc de remédier en partie à cette situation, ce qui, en soi, n'a rien d'extraordinaire. En effet, la levée des brevets est une disposition prévue dans le droit international de la propriété intellectuelle et déclinée dans les droits nationaux des pays de l'OMC (Organisation mondiale du commerce). Pour la déclencher à l'échelle internationale, il faut que l'OMC émette un avis dans ce sens et que le G7 et le G20 déclarent leur volonté de lancer cette procédure. S'ils le souhaitent, les États peuvent aussi reprendre la main sur l'exploitation des brevets et donc sur la production et la distribution de vaccins. Ce droit est apparu à la fin du 18e siècle aux USA et a été intégré aux normes internationales en 1925 grâce à un amendement à la Convention de Paris pour la protection de la propriété intellectuelle.

La « licence obligatoire ou licence d'office » a été consacrée en 2001 par la déclaration de Doha, à la suite de la mobilisation de pays durement touchés par l'épidémie de VIH. Désormais cette licence existe dans 156 pays. L'article 31 des Accords sur la propriété intellectuelle (ADPIC) qui normalement durent 20 ans, permet aussi d'y déroger « *dans des situations d'urgence nationale ou d'autres circonstances d'extrême urgence ou en cas d'utilisation publique à des fins non commerciales* » et ce sans autorisation du détenteur du droit. En France, l'ordonnance du 8 février 1959 autorise même l'État à suspendre les brevets en cas d'insuffisance de quantité ou de qualité, mais aussi de prix anormalement élevés de médicaments indispensables à la santé publique. Côté logistique, la répartition de la production pourrait être facilitée par le travail de l'OMS qui réalise depuis une quinzaine d'années une cartographie des capacités industrielles des pays émergents. Cela permet de savoir lesquels pourraient accueillir la technologie des vaccins à ARNm en vue de leur production. En avril 2021, l'OMS a lancé également une initiative pour que les États-Unis créent des plateformes de transfert de la technologie entre les détenteurs de brevets et des industries dans des pays à revenus faibles ou intermédiaires. Les industriels craignent que cela freine les investisseurs privés ! Le laboratoire Teva, un des plus grands fabricants de génériques au monde, a lui aussi, proposé aux multinationales de sous-traiter une partie de la production des vaccins : en vain. Les laboratoires ont refusé. Les appels se sont multipliés depuis des mois, la pandémie mondiale pouvant rebondir si elle n'est pas traitée efficacement dans tous les pays. Les pays du G7 ont, quant à eux, décidé de suivre une méthode claire pour sortir de la pandémie : partager les doses de vaccins et ouvrir des accès à la production sur tous les continents.

Le débat à la question d'un vaccin « *comme bien commun* » a débuté en octobre 2020, date à laquelle, l'Inde et l'Afrique du Sud, soutenues par une centaine de pays dont la Chine et la Russie, ont demandé une suspension temporaire des brevets pendant la pandémie afin que chaque pays soit en mesure de produire ses doses. Ces deux pays ont présenté une proposition allant dans ce sens qui a reçu le soutien de 63 États membres de l'OMC alors que les accords au sein de l'OMC doivent recevoir le soutien par consensus de tous les 164 États membres. Outre la levée des brevets sur le vaccin, cette proposition veut s'étendre aux traitements, diagnostics, appareils médicaux et équipements de protection ainsi qu'au matériel et aux composants nécessaires à la fabrication des vaccins. Cette dispense des droits intellectuels devait durer au moins trois ans. Plusieurs membres de l'OMC (Organisation mondiale du commerce) n'étaient pas d'accord avec cette proposition. Notamment, l'UE qui a indiqué que la priorité était plutôt dans l'augmentation de la production et dans la levée des restrictions à l'exportation des composants des vaccins. Certains pays doutent et demandent plus de temps, ce sont ceux de l'UE  ainsi que l'Australie, le Japon, la Norvège, Singapour, la Corée du Sud, la Suisse, terre de prédilection des Big Pharma et Taiwan. D'autres veulent avancer vite, comme les États-Unis qui, le 5 mai 2021, ont fait savoir qu'ils étaient favorables à l'ouverture de négociations sur n'importe quelle proposition permettant de trouver une solution à la pénurie de vaccins. La France lui a emboîté le pas. Certains pays s'y opposent comme l'Allemagne et le Royaume-Uni. Les représentants de l'industrie pharmaceutique au plus haut niveau ont immédiatement réagi face à cette pression mondiale en faveur de la levée des brevets. Pour la Fédération européenne des associations d'industrie pharmaceutique (EFPIA) : la propriété intellectuelle est le principal moteur de l'innovation et doit être préservée et, au passage, les surprofits considérables et fortuits dans ce cas, de grands groupes pharmaceutiques aussi. On est donc bien loin de favoriser à court terme la diffusion des techniques de fabrication vaccinale permettant à de nombreux pays et régions de par le monde de protéger leur population.

Toutefois, la mise en œuvre de telles licences serait-elle efficace pour favoriser l'égal accès de tous aux doses de vaccin ? La solution, justifiée au nom de l'éthique et du bien commun, s'avère en effet discutable. D'emblée se profilent des difficultés. Il faut définir l'urgence et il n'existe de nos jours aucun consensus au sein du conseil des ADPIC. En outre, plusieurs sortes de brevets peuvent être impliquées, car cela concerne une multitude de brevets déposés sur le savoir-faire, l'accès aux données cliniques, les ingrédients nécessaires à la production, etc. Une longue bataille en perspective. En effet, le brevet n'apparaît pas comme un facteur limitant exclusif et n'est pas le seul obstacle sur la route d'une exploitation massive des technologies vaccinales. D'autres questions se posent comme l'accès à la matière première, la qualité de la production et le contrôle de la qualité des produits. De plus, à la différence de la production des matières premières, substances actives et excipients, il y a l'enflaconnage de ces produits. Pour que cette levée des brevets soit efficace des laboratoires façonniers devraient être prêts partout dans le monde et donc aptes à produire des vaccins. Cela pourrait être le cas avec des techniques classiques, mais pas avec des technologies comme celles de l'ARNm où des tiers n'arriveraient pas forcément à produire dans l'immédiat en cas de levée des brevets. Rappelons au passage, les conditions de conservation à basse température de ces vaccins, qui requièrent une chaîne de froid sans défaillance. Des mois de rétro-ingénierie seraient nécessaires ou alors il faudrait obliger les laboratoires à faire un véritable transfert de technologie. Et, même si cela était le cas, il se passerait encore des mois pour reconvertir des usines pour produire l'ARNm et les excipients et bien plus pour en construire de nouvelles. Quant aux usines d'enflaconnage, beaucoup sont déjà sous tension, ce qui pourrait arrêter des lignes de production d'autres médicaments injectables essentiels pour le traitement d'autres pathologies. La position du déposant joue aussi un rôle prépondérant dans l'opposabilité ou non des brevets. La société Moderna a rapidement indiqué qu'elle ne ferait pas valoir son droit d'interdire l'exploitation de son invention à un fabricant qui la reproduirait fidèlement sans son autorisation. Selon Manuele Rosa-Calatrava directeur de recherche INSERM au Centre International de Recherche en Infectiologie de Lyon : « *(...) la levée des brevets sur les vaccins est une réponse trop simpliste face à un problème complexe. Puisque l'intérêt de santé publique l'exige, il conviendrait plutôt de travailler sur un système international de licences d'office, impliquant de négocier des redevances à la baisse, dans le but d'accorder des licences à tous les fabricants qui peuvent produire les vaccins. (...) D'autres problèmes restent également à résoudre : les barrières douanières, les limites des chaînes logistiques et de distribution, la disponibilité du matériel de production ».* De nombreuses initiatives de solidarité internationale existent déjà comme achats de doses de vaccins à destination des pays en développement ou financement de programmes de R&D par des fondations. *« Elles doivent être amplifiées à l'initiative de l'OMS et de nos gouvernements afin de limiter la circulation du SRAS-CoV-2 et d'autres virus émergents dans le futur »*, suggère-t-il

Et pour clore ce chapitre sur une note plus optimiste : six pays d'Afrique, bénéficiant du programme mondial de l'OMS, ont été élus pour héberger leur propre production de vaccins à ARN messager, annonçait le 18 février 2022, l'agence onusienne. L'Afrique du Sud, l'Égypte, le Kenya, le Nigeria, le Sénégal et la Tunisie ont été choisis pour permettre aux pays africains qui ont souffert d'un accès restreint aux vaccins anti SRAS-CoV-2 de fabriquer leurs propres doses pour lutter contre la pandémie de Covid-19, mais aussi d'autres maladies. « *La pandémie a montré mieux que n'importe quel autre évènement que s'en remettre à une poignée d'entreprises pour fournir des biens publics et mondiaux est restrictif et dangereux* », a déclaré le directeur général de l'OMS, Tedros Adhanom Ghebreyesus. Cela va encore plus loin, car il s'agit d'une technologie ARNm conçue en Afrique, menée en Afrique du Sud. Le centre sud-africain produit déjà des vaccins à ARNm et est en train de passer à l'échelle commerciale. Actuellement, 1 % des vaccins utilisés en Afrique sont conçus sur ce continent de 1,3 milliard d'habitants. En 2021, l'OMS, a soutenu ce laboratoire de technologie ARNm afin d'aider les fabricants des pays à revenus faibles ou intermédiaires à produire leurs propres vaccins. Les nouvelles unités de production en Afrique, destinées tout d'abord à lutter contre la Covid-19, pourront fabriquer d'autres vaccins et d'autres produits tels que l'insuline pour traiter le diabète, des médicaments contre le cancer et potentiellement des vaccins contre des maladies comme le paludisme, la tuberculose et le VIH. L'objectif ultime de ce programme est d'étendre la capacité de production nationale et régionale à toutes les technologies de la santé. De son côté, Cyril

Ramaphosa, le président d'Afrique du Sud a de nouveau exigé une levée des brevets des laboratoires pharmaceutiques occidentaux, afin de conforter durablement l'industrie africaine. Opposés à une levée des brevets, Ursula von der Leyen, présidente de la Commission européenne et Macron ont défendu le choix d'un transfert de technologies, y compris « *la plus confidentielle* ». Une solution qui protège, selon eux, la propriété intellectuelle. « *Avec ce transfert de technologies, nous limitons les profits des laboratoires* », a affirmé la présidente de la Commission.

Plus de 10,4 milliards de doses de vaccin anti SRAS-CoV-2 ont été administrées dans le monde et près de 62 % de la population mondiale a reçu au moins une injection. Seulement 11,3 % des Africains étaient parfaitement vaccinés en février 2022.

La course aux vaccins a déjà vu émerger en Occident neuf nouveaux milliardaires au classement de Forbes !

## Deuxième partie

# Au pays des « Lumières… »…

# Covid-19 : l'alarme ou la leçon ?

## 14. Bienvenue dans leur monde

Comme nous sommes tous des béotiens, si cela ne nous tombe pas dessus, ce « monde » nous échappe. Tout se passe dans les hautes sphères et les quotidiens et journaux télévisés, débiteront leurs salades bien empaquetées : parts de marché et sondages oblige ! En quelques semaines, la pandémie du coronavirus a révélé les failles d'un modèle social fondé sur l'idée de la *rentabilité économique* de la santé, justifiant depuis des décennies des baisses budgétaires toujours plus contraignantes pour le personnel et les patients. On pourrait dire qu'il est quasi impossible de prédire une pandémie et que la recherche est condamnée à être prise au dépourvu. Pas tout à fait dans ce cas et cet argument ne tient pas, l'OMS avait prévenu et lancé les enchères, sans effet. Néanmoins, à défaut de prédire, on peut alors prévoir, orienter des recherches à partir d'une vision globale de la science, de la médecine et de l'écologie. De telles recherches ne peuvent être menées à court terme avec uniquement des impératifs de profit. Or, ces besoins ne correspondent pas aux marchés solvables : 85 % des médicaments sont consommés dans les pays regroupant 17 % de la population mondiale et il y a plus de recherche pour les médicaments de confort que pour les maladies infectieuses, pourtant l'une des premières causes de mortalité dans le monde. Ces impasses de la recherche privée ne sont pas, ou à peine, compensées par la recherche publique. Les coupes budgétaires tombent comme des couperets sur des sujets patiemment développés. Mais Big Pharma a quand même réussi très vite, à tirer son épingle du jeu. C'est elle qui produit les outils permettant de dépister le virus, de nous vacciner contre lui ou de le traiter. Si la France en manquait cruellement, les kits de dépistage sont simples à fabriquer. De nombreuses entreprises se sont immédiatement lancées sur ce marché colossal à la technique peu coûteuse : 12 euros ! Pour être finalement vendus 112 euros en France, dont 54 euros à la charge du patient au début de la crise. Mais cela a fait l'objet d'accords tarifaires prohibitifs entre quelques grandes firmes qui vendaient aux laboratoires de quartiers des plates-formes technologiques hors de prix. Savoir qui était réellement infecté aurait aussi évité l'incertitude, l'assaut des urgences et les mesures excessives. Le dépistage massif aurait été une simple mesure de démocratie médicale. Mais cela suppose de la prévoyance, voire un contrôle des industries par l'État, mais très difficile à mettre en place dans un système lié au profit. Comment aussi expliquer qu'au cœur de la tourmente, il soit possible de s'enrichir alors même qu'on manquait de masques pour tous et de surblouses pour le personnel soignant et que les tests de dépistage soient restés inaccessibles à tous après trois mois d'épidémie ? On peut noter à ce propos que des ressources disponibles et qualifiées en matière de tests, celles des laboratoires vétérinaires, présents en région, ont été refusées d'emblée par les ARS (Agences régionales de santé), sans que l'on sache vraiment si l'ordre venait du ministère ou était d'origine locale... Une des réponses à ces questions réside par la place très politique que l'industrie pharmaceutique joue dans nos systèmes de santé. Les pitoyables essais de reconversion de molécules dans l'urgence témoignent bien, entre autres, d'une absence de planification des problèmes de santé et d'une fébrilité opportuniste en lieu et place, d'une véritable politique industrielle locale.

Si, comme on l'a vu, la recherche fondamentale qui, à l'époque de la chimie toute-puissante, était l'apanage des grands groupes du pharma, les a désertés depuis que les directions sont passées aux mains des financiers et échappé aux scientifiques, médecins et pharmaciens qui en étaient souvent les créateurs, c'est toutes proportions gardées ce qu'il est advenu de l'hôpital public en France. La mise en place de directions administratives hypertrophiées, entre les mains de technocrates issus de l'École de Santé publique de Rennes a écarté les médecins des directions et paralysent l'hôpital. On a vu lors du développement de l'épidémie en France, ces directions débordées et affolées, confier à nouveau les leviers de commande des hôpitaux aux médecins avant de tout récupérer progressivement…

En parallèle à l'industrie pharmaceutique, se sont développées, à partir des laboratoires universitaires de recherche en biologie, des nuées de biotechs, dont souvent la durée de vie est courte, du moins en France, car il n'existe pas de soutien financier pour la phase du développement, mais qui, pour certaines, comme Moderna aux USA, ont su trouver des financements-relais, avant de profiter de la générosité du président Trump pour booster le développement des vaccins. En France, il n'existe pas de relais de ce genre et les candidats s'expatrient, tel Valvena en Grande-Bretagne ou bien des entités comme l'Institut Pasteur, sont incapables de faire face pour des batailles d'ego. Pas moins de trois vaccins étaient mis en chantier par l'Institut Pasteur au cours du premier trimestre 2020 : Le premier basé sur le vaccin du virus de la rougeole, le second, conduit par la Biotech Theravectys, issue et associée à Pasteur, fondée sur l'utilisation d'un vecteur lentiviral, enfin, le troisième, utilisant le mécanisme original du vaccin à ADN. Ces trois pistes ont été abandonnées, l'une après l'autre ! On peut quand même regretter l'incapacité des équipes de Pasteur de mettre en commun leur savoir-faire exceptionnel pour parvenir à mettre au point au moins UN vaccin !

L'autre exemple d'incohérence du système français, est le piteux échec de Sanofi ne pouvant que promettre pour fin 2021 un vaccin traditionnel dont on n'a pas particulièrement écho et renonçant à son vaccin à ARNm, en raison de non-rentabilité à cause du retard pris, car elle n'a pas su ou vu l'importance de s'associer à des biotechs locales. Quant aux médicaments… au bout de deux ans … toujours rien ou presque de la part des labos français ! On a surtout vu des essais de reconversion de molécules dans l'urgence dans toutes les directions et dans un chaos total, mais très onéreux, témoignant d'une absence de planification des problèmes de santé et d'une fébrilité opportuniste à la place d'une véritable politique industrielle.

En bref ! C'est le constat de l'état catastrophique de la recherche thérapeutique en France, résultat d'une mauvaise copie de ce qui se faisait aux États-Unis, en omettant la souplesse de financement outre-Atlantique avec les fonds financiers, les richissimes fondations telles celle de Bill Gates et une nuée d'autres moins connues. En France, les milliardaires tels Pinault ou Arnault thésaurisent ou financent des musées horribles avec des œuvres contemporaines bonnes pour la poubelle ou d'autres, rares, comme Bettencourt-Schuller, font de leur mieux avec des budgets beaucoup plus réduits. Les prix et bourses accordés par cette fondation à de jeunes chercheurs et surtout de jeunes chercheuses font souffler un air frais dans le milieu assez confiné de la recherche universitaire, et permettent à de nouveaux talents d'éclore. Mais ce type d'initiatives est encore marginal. Encore un résultat de la doctrine de l'État providence qui ne sait pas encourager les initiatives privées quand elles sont positives...

Enfin, la pandémie a mis en évidence l'incapacité de la France à réagir rapidement et efficacement face à une menace, cette fois-ci bactériologique, mais qui pourrait un jour être chimique, nucléaire ou météorologique-climatique, compte-tenu du réchauffement de la planète et de la survenue de plus en plus fréquente, de phénomènes intenses et le plus souvent imprévisibles. En témoignent une surmortalité jamais égalée dans les EPHAD et l'obligation de faire un tri de malades dans les hôpitaux surchargés et le report dramatique des interventions chirurgicales et consultations, pour les autres. Combien de stress et de morts innocentes à la clé : les statistiques nous le diront-elles, un jour ? C'est toute cette politique de fond que Macron, le banquier, champion toutes catégories des privatisations, a cherché à faire oublier en mars 2020, en soulignant devant près de 22 millions de téléspectateurs, *« l'importance de la santé publique »*, après qu'elle fut bien minée pendant des années. Une certaine façon de reconnaître peut-être que la recherche de médicaments et la santé en général ne devraient pas rester aux mains du privé. Rien n'est moins sûr ! Car, au regard du système politico-économique dominant, l'amnésie politique aura vite fait de préparer le nid des prochaines crises de santé publique. Même si le porte-monnaie a semblé s'être ponctuellement partiellement ouvert : législatives oblige !

## 15. Le marché fait la loi, les patients trinquent

Après les critiques de surstockage lors de la grippe H1N1, l'État français s'est débarrassé peu à peu des moyens de prévention au risque de mettre en péril la santé des citoyens, à commencer par celle des professionnels de santé. Le principe comptable l'a emporté une fois de plus sur le principe de précaution. Car, en 2006, en prévision d'une pandémie respiratoire sévère l'État avait prévu de stocker des centaines de millions de masques dont des FFP2. Cette légèreté a obligé les membres du gouvernement à expliquer bien malaisément, a contrario des recommandations de l'OMS et en contradiction avec le modèle asiatique, que le masque ne servait à rien pour la majorité d'entre nous et que de toute manière on ne saurait pas s'en servir ! C'était donc intentionnellement que l'État n'adoptait pas la stratégie asiatique de protection de ses citoyens pourtant, depuis longtemps rodée par des masques et du gel de désinfection massivement distribués, le tout couplé à des tests de dépistage à disposition de chacun. Comment expliquer que le 20 mars 2020, la France ait effectué deux fois moins de tests par millions d'habitants que l'Iran et l'Autriche ? Qu'avec moins de 40 000 tests effectués à cette date, elle soit loin derrière la Corée du Sud, l'Allemagne, la Russie ou l'Australie ? En Corée du Sud, on pouvait déjà se faire dépister dans sa voiture ou dans des cabines vitrées. Le dépistage systématique, accompagné du suivi de chaque personne contaminée, aurait permis de briser les chaînes de transmission en isolant rapidement les malades des gens sains. En conséquence, les mesures de confinement auraient été moins strictes, le taux de morbidité des patients positifs plus bas et surtout, le nombre de morts bien moins élevé. Si le dépistage fut, à n'en pas douter, un des angles morts de la lutte française contre l'épidémie de coronavirus, il y en avait un autre dans son sein : la pénurie de réactifs, ces composants chimiques qui détectent la présence du virus et donc essentiels au dépistage. Mais si la France a bien tardé à mettre en place ces mesures, c'est bien parce que les réactifs nécessaires devaient être importés et n'étaient pas disponibles. Quant à leur prix… l'opacité règne… Savoir qui était réellement infecté aurait pourtant évité l'incertitude et l'assaut des urgences ainsi que les mesures préventives excessives subies. Isolement et confinement auraient été proportionnés à la progression réelle du virus et non à des calculs de risques hypothétiques, induisant les restrictions subies. Le dépistage massif aurait aussi été une mesure simple de démocratie médicale. Mais comme cela suppose de la prévoyance, voire un contrôle des industries par l'État, le tout a bien traîné et a été bien difficile à mettre en place dans un système fondé sur le profit qui se soucie fort peu des dégâts. Idem pour ce qui concerne les médicaments, mais avec effet rétroactif. Bien avant la crise sanitaire, on connaissait effectivement, des problèmes de pénurie de médicaments, de modification de leur composition et de leurs effets secondaires, de prix de traitements, de déremboursements… La crise de coronavirus a mis en lumière plus cruellement encore ces dérèglements et notre dépendance aux pays asiatiques.

Effectivement, avec la mondialisation de l'économie, la production des principes actifs et des médicaments a été délocalisée dans les pays à faibles coûts de main-d'œuvre, ce qui, en cas de crise grave, présente un risque majeur de rupture d'approvisionnement. Les pénuries de médicaments subies par les services hospitaliers de réanimation, entre autres, pendant la première vague de coronavirus ont choqué. Les services de réanimation des hôpitaux peinaient à se procurer du Curare, substance indispensable pour intuber les patients ainsi que les médicaments sédatifs et antidouleur qui leur étaient nécessaires. Pire, « *À cause de cette pénurie, pendant la première vague de la Covid-19, ces médicaments ont été utilisés en priorité dans les unités Covid et remplacés dans les EHPAD par du Valium® ou des formules vétérinaires de sédatifs* », rappelle Pauline Londeix, cofondatrice de l'Observatoire de la transparence dans les politiques du médicament (OTMeds) Nous avons alors découvert avec effarement et beaucoup de mensonges que notre pays dépendait presque exclusivement des industriels asiatiques et indiens pour l'approvisionnement des produits essentiels à notre santé. Depuis des années des lanceurs d'alerte interpellent sur les pénuries de médicaments sans jamais être réellement entendus. Et, en effet, depuis quelques années, les patients ont eu et ont à supporter des centaines de pénuries d'antibiotiques, de corticoïdes, de vaccins, de médicaments contre le cancer, l'hypertension ou les maladies cardiaques. En France, un malade sur quatre aurait déjà été confronté à une pénurie de médicaments indispensables à leurs soins et cette situation dramatique s'aggrave d'année en année.

En fait, avec l'externalisation croissante de la R&D, des essais cliniques - hors des molécules stratégiques -, du conditionnement et du marketing, l'industrie pharmaceutique a pris la même organisation que Nike ou Apple. On sait tous que le salaire des ouvriers qui fabriquent pour Nike en Indonésie ou pour Apple, en Chine, ne représente qu'une fraction négligeable du prix acquitté au final. La plus grosse partie va à la publicité, aux commerciaux et aux actionnaires et un peu à la conception et au design du produit. Tout le reste étant sous-traité. Sanofi, par exemple, dépense plus d'un milliard d'euros par an en frais commerciaux. Des pans entiers du processus de développement et de production, sauf pour ce qui est des médicaments les plus lucratifs, sont externalisés chez des prestataires et des sous-traitants chargés de conduire les essais cliniques, de produire les principes actifs ou de conditionner les produits. 80 % des médicaments vendus en Europe sont fabriqués ailleurs dans le monde, contre 20 % il y a trente ans. Les principes actifs simples et peu lucratifs comme le *paracétamol* ou les antibiotiques sont sous-traités à des usines spécialisées en Asie où ils occasionnent d'ailleurs, d'importants problèmes de pollution. Cela n'est toutefois pas sans conséquence. Avec l'externalisation et l'internationalisation des chaînes de production, les ruptures de stock sont devenues une réalité quotidienne en France et en Europe. Le point commun est que ces médicaments présentent un intérêt économique mineur pour les laboratoires. Les principales conséquences de ce phénomène sont des problèmes de qualité dans les usines sous-traitantes ainsi que des cessations d'approvisionnement pour des raisons économiques (par exemple lorsque certains principes actifs sont réservés aux clients les plus offrants) ou pour des raisons environnementales. Ces ruptures de stock ne sont que l'un des signes inquiétants de la perte de sens de leur mission sociale pour les laboratoires et les gouvernements. Cela fait vingt-cinq ans que la France, comme d'autres, a fait le choix de la rentabilité maximale en supprimant des usines et des emplois prétendument trop chers en délocalisant sur l'Asie au détriment de notre indépendance sanitaire. Et on en paie les conséquences. Car, encore une fois, c'est la recherche maximale de rentabilité qui a conduit les laboratoires à délocaliser massivement la fabrication de la matière première des médicaments et, d'un autre côté, à organiser eux-mêmes la pénurie afin de faire exploser les prix et donc leurs bénéfices. Avec les délocalisations massives, les soignants sont parfois à la merci d'un seul fournisseur qui ne possède qu'une seule usine, elle-même faillible. Pire, une étude de l'UFC-Que Choisir dévoile l'étendue accablante des pénuries de médicaments, ainsi que la responsabilité des laboratoires et des pouvoirs publics dans cette aberration. Effectivement, les médicaments qui font l'objet de tensions d'approvisionnement ne sont pas les lucratives molécules récentes. Le portrait type d'un médicament en pénurie est celui d'un produit ancien (75 % sont commercialisés depuis plus de 20 ans) et donc vendu peu cher. Bien qu'anciens et tombés dans le domaine public, ces produits constituent toujours l'essentiel de la pharmacopée courante. Les industriels sécurisent donc l'approvisionnement des médicaments rentables, au détriment des plus anciens, toujours indispensables à la majorité des usagers. Selon l'EMA (Agence européenne du médicament) : « *Les stratégies commerciales de l'industrie pharmaceutique provoquent un problème mondial depuis une dizaine d'années affectant de plus en plus l'Union européenne avec un impact significatif sur les soins aux patients* ». C'est en 2012 qu'est devenue obligatoire la procédure de signalement des médicaments d'intérêt thérapeutique majeur (MITM) en rupture de stock ou touchés par des tensions d'approvisionnement. Encore marginal avant 2010, ce phénomène a connu une forte croissance depuis le début des années 2000 et connaît ces dernières années une augmentation des plus alarmantes. Alors qu'en 2016, on recensait environ 400 médicaments en rupture de stock, ce chiffre a quasiment triplé en trois ans pour atteindre 1200 en 2019. En 2020, 2446 signalements de ruptures de stock ont été effectués, presque trois fois plus qu'en 2018. Si ces chiffres grimpent, c'est aussi, en partie parce qu'en 2016, un décret a renforcé la vigilance autour des médicaments d'intérêt thérapeutique majeur (MITM), pour lesquels les entreprises ont désormais l'obligation de prévenir sans délai l'ANSM (Agence nationale de sécurité du médicament et des produits de santé) en cas de rupture d'approvisionnement. Mais même si cette contrainte légale a fait augmenter les chiffres au cours des années, c'est bien le phénomène de pénuries lui-même qui devient plus aigu. Pour les traitements anticancéreux, une enquête IPSOS commandée par la Ligue contre le cancer révélait en 2018 que trois professionnels sur quatre avaient constaté une aggravation des pénuries de médicaments en dix ans. À noter que l'ANSM se focalise uniquement sur les MITM, produits pour lesquels une interruption de traitement pourrait mettre en jeu le pronostic vital des patients, représentant une perte de chance de guérison importante ou ceux pour lesquels il n'existe pas beaucoup d'alternatives thérapeutiques. En 2019, toujours selon les données de l'ANSM, les traitements pour le système cardiovasculaire étaient les plus concernés avec plus d'un signalement sur cinq (22,61 %). Viennent ensuite les traitements du système nerveux et les anti-infectieux. Toujours selon l'étude de l'UFC-que-Choisir portant sur 140 médicaments en rupture de stock et en tension d'approvisionnement sur le site de l'ANSM au 15 juillet 2020, la situation est d'autant plus alarmante que les médicaments déclarés en pénurie par les laboratoires présentent tous un intérêt thérapeutique majeur. Près de la moitié d'entre eux sont remboursés à hauteur de 65 %, donc à ASMR important. Les médicaments injectables sont particulièrement touchés et représentent 44 % des ruptures constatées par l'étude. Situation aggravée par les solutions palliatives proposées par les laboratoires qui, dans 30 % des cas, renvoient vers une alternative thérapeutique. Solution médiocre quand on sait que les substitutions de médicaments peuvent entraîner de potentielles erreurs de dosage aux conséquences fatales, des effets secondaires plus importants ou nécessiter stress et temps d'adaptation à la nouvelle posologie surtout chez les sujets âgés. Plus révélateur encore, 12 % des producteurs orientent les professionnels de santé vers des solutions de derniers recours, comme la diminution de la posologie. Enfin, et c'est encore plus alarmant, dans 18 % des cas de pénuries, les laboratoires ne proposent aucune solution de substitution, laissant les patients et professionnels de santé dans l'impasse avec des annulations et arrêts de traitement et des conséquences médicales pouvant être lourdes. C'est, par exemple, l'histoire de Marc qui vit avec une poche à urine depuis l'ablation de sa vessie à la suite de pénuries répétées de son traitement contre le cancer.

16 % des pénuries sont consécutives à des arrêts de commercialisation, liés à un manque d'intérêt économique car produits trop peu rentables. Mais dans 37 % des cas, il s'agit de difficultés d'approvisionnement en principes actifs, conséquence du choix de la recherche du moindre coût dans leur chaîne de production. Comme 80 % du volume des principes actifs sont maintenant fabriqués dans des pays hors UE, l'externalisation de la production en Asie, notamment en Chine et en Inde, n'est donc pas sans conséquences. Pour de nombreuses molécules, il n'existe que deux ou trois fournisseurs mondiaux. Certaines substances sont issues d'un très petit nombre d'usines, voire d'une seule. Par exemple, peu de sites dans le monde fabriquent encore la matière première de l'aspirine. À partir de ces unités de fabrication, les laboratoires travaillent à flux tendu et sans stock par mesure d'économies. Mais ces délocalisations s'accompagnent aussi d'un risque accru de falsifications et de problèmes de qualité récurrents, nécessitant un renforcement des contrôles que la France n'a pas les moyens d'effectuer seule. Or, quand il s'agit d'une nouvelle molécule, le processus industriel reste le plus souvent intégré au sein du laboratoire d'origine, mais ce n'est pas le cas des médicaments anciens qui voient leur production largement fragmentée sur divers sites industriels spécialisés dans la réalisation d'étapes de fabrication. La moindre défaillance d'un acteur peut rapidement amener, par effet domino, à l'interruption totale de l'approvisionnement d'un médicament. Tout comme toute la chaîne peut se retrouver bloquée en raison de la rupture d'un seul excipient. Pour l'ANSM, l'explosion des ruptures d'approvisionnement s'explique aussi « *par les nouvelles stratégies industrielles de rationalisation des coûts de production qui conduisent les laboratoires à produire à flux tendu* ». Cela est d'autant plus vrai pour les produits substituables, dont la problématique peut

être l'arrêt de lignes de production actives dans certaines situations (brevet tombant dans le domaine public, perte de parts de marché, baisse de rentabilité...). Mais aussi par la spécialisation des sites de production, notamment dans le cadre des produits biologiques. Cette production à flux tendu apparaît être une méthode incompatible avec les fluctuations imprévues de la demande mondiale, car l'accroissement et l'instabilité de la demande se conjuguent à l'incertitude de la production pour accroître les risques de rupture. De plus, à des milliers de kilomètres des sources de production, tout aléa politique, informatique, industriel, climatique ou de transport a immédiatement beaucoup d'impact. Même en dehors de la crise sanitaire actuelle, cette forte dépendance aux pays asiatiques a déjà montré ses limites. C'est ainsi qu'en 2017, pour lutter contre les émissions polluantes, la Chine a limité l'alimentation en électricité de plusieurs zones industrielles où siègent des usines pharmaceutiques avec pour conséquence directe une pénurie mondiale d'*amoxicilline* et *d'acide clavulanique*, un antibiotique. Idem pour la production de produits finis sujette à la concentration, à la spécialisation et à la délocalisation. Toujours la rentabilité en cause, mais aussi le rapprochement par les sites de production de marchés de consommation émergents plus dynamiques. Notamment, les marchés chinois, sud-africain, russe, brésilien ou indien. Mais... ces choix stratégiques de fabrication sont ceux des firmes qui fortes des brevets qui leur assurent des monopoles et, ni plus ni moins, le droit de vie ou de mort sur les patients... Fortes, d'une législation qui les favorise et dont elles savent tirer avantage. Fortes, de leur puissance économique et de leur sens de la communication et du lobbying pour maintenir leur pression sur les gouvernements, les professions de santé ou les étudiants, fortes, du chantage aux emplois qu'elles pratiquent, tout en licenciant massivement, même dans le domaine de la recherche, mènent une politique commerciale de marché et de financiarisation avec des produits de toute première nécessité qui devraient relever de la puissance publique. Faute de contrôles et de politiques publiques menées dans l'intérêt des patients, c'est de ces entreprises que dépend en partie notre santé et a donc dépendu la mise sur le marché, car c'est un marché, les vaccins contre la Covid-

19. Mais non pas l'invention, elle, financée avec nos deniers. Et pourtant... À tout cela s'ajoute la remarquable incurie des pouvoirs publics qui au lieu de proposer des mesures de prévention des pénuries proposent des mesures lacunaires de l'ordre de la gestion. Les mesures actuellement en vigueur visent principalement à exiger plus d'informations à destination des autorités, à encourager la recherche de sources d'approvisionnement complémentaires et à identifier des alternatives thérapeutiques. Les Plans de gestion des pénuries (PGP), désormais obligatoires pour les MITM, sont des documents à caractère confidentiel souffrant d'un manque d'uniformisation, car c'est aux exploitants qu'il revient d'identifier les MITM pour lesquels ils doivent mettre en place des PGP se construisant au gré de leurs interprétations quant à leur contenu. Si l'idée de base est bonne, l'efficacité des PGP est bien trop aléatoire, car justement laissée au bon vouloir des industriels. L'ANSM assure pourtant lutter contre les acteurs du secteur qui ne respectent pas leur rôle.

Un autre agent responsable de la pénurie est le rôle des répartiteurs qui, pour une entreprise donnée, vont décider d'affecter tant de doses à tel pays, tant à tel autre, etc. Les grossistes-répartiteurs sont ceux qui achètent les médicaments aux laboratoires, les stockent et les vendent aux pharmacies, mais qui ont aussi des obligations de service public. Ils doivent disposer d'un assortiment suffisant de médicaments et être capables de livrer les pharmacies en 24 heures et disposer de deux semaines de stock minimum. Or, la France est l'un des pays où les médicaments sont les moins chers, donc ils auront tendance, en période de pénurie, à fournir d'abord les pays ou leur bénéfice par dose est le plus élevé ! Certains achètent donc les médicaments moins chers en France et les revendent ensuite à meilleur prix à l'UE ! En 2018, l'ANSM a ainsi sanctionné cinq grossistes-répartiteurs. En France, le prix relativement bas des médicaments fait que ceux produits sur notre territoire sont prioritairement exportés dans un souci de rentabilité... Pour éviter les pénuries, les industriels sont eux aussi tenus de posséder des stocks de sécurité, mais leurs obligations de service public sont insuffisamment assorties de pénalités ne pouvant être prononcées que dans des cas très spécifiques. Et les obligations des laboratoires sont de l'ordre de l'anecdote tant le nombre de sanctions prononcées pour ruptures de stock est dérisoire. Deux seulement en 2019, pour défaut d'information à la suite de ruptures de stock... et pour des montants ridicules : 830 et 5807 €, alors que jamais la situation n'a été aussi préoccupante. Même l'élaboration de stocks, qui relève pourtant du bon sens, est donc négligée.

La loi de financement de la Sécurité sociale pour 2020 leur a imposé de nouvelles obligations parmi lesquelles, l'obligation de constituer quatre mois de stock. En cas de rupture de MITM, celles-ci auraient l'obligation d'importer à leurs frais des alternatives thérapeutiques et en cas de manquement des sanctions financières seraient prévues. Un décret a été publié dans ce sens en mars 2021 et est entré en vigueur au 1er septembre exigeant des laboratoires qu'ils prévoient des stocks finalement de deux mois pour ces médicaments d'intérêt thérapeutique majeur à la grande satisfaction du syndicat patronal national le LEEM. Mais largement insuffisant pour répondre à des pénuries de plus en plus longues. Les professionnels de santé ont évalué les pénuries à 14 semaines, période que les nouveaux stocks ne suffiront pas à couvrir, la durée médiane des ruptures d'approvisionnement en officine étant passée de 90 jours en septembre 2019, à près de 250 jours en septembre 2020, soit plus de 8 mois. C'est quasi de l'enfumage !

À noter, que le LEEM a mis en place la plateforme TRACStock fin 2020, en pleine pandémie dans le but d'améliorer l'information des autorités sur la disponibilité des stocks sur les besoins les plus aigus, en l'occurrence à l'époque, les produits de réanimation, mais pouvant utilement être élargie à d'autres classes de médicaments. Cette plate-forme fournit à l'ANSM un suivi automatique des stocks agrégés inter-entreprises. De son côté, Sanofi a annoncé en février 2020 sa volonté de créer un leader européen des Principes actifs pharmaceutiques (API). Cette nouvelle société autonome devrait rassembler les activités commerciales et de développement d'API de Sanofi et six de ses sites européens de fabrication. Fonction de la nécessité de garantir l'indépendance sanitaire de l'Europe et de relocaliser les productions rabâchées à longueur d'ondes et relayées par les gouvernements, Sanofi veut créer un champion européen des principes actifs qui approvisionnerait l'industrie pharmaceutique de notre continent et empêcherait les ruptures de médicament. Ce projet, dénommé Pluton en un premier temps et rebaptisé EuroAPI, ne sera plus perçu comme une filiale de Sanofi et donc un concurrent, mais comme un sous-traitant exécutant à la demande. Un des arguments majeurs étant que, libérées du giron de Sanofi, d'autres compagnies pharmaceutiques confieraient volontiers à cette structure leur production en principes actifs. Évoluant indépendamment de Sanofi, « *Nous allons pouvoir investir dans nos propres domaines stratégiques* », invoque son directeur Karl Rotthier, vantant encore l'intégration en amont d'EuroAPI pas vraiment dépendante de l'Inde et de la Chine pour acheter des matières premières puisqu'elle produit en partie ses propres intermédiaires chimiques. Le projet devait se clore début 2022 avec l'entrée en bourse d'EuroAPI (appelée transitoirement « NewCo »). L'entité prévoit déjà 580 millions d'euros d'investissements jusqu'en 2025 pour ses six sites industriels en Europe, dont 270 millions pour les sites d'Elbeuf (Seine-Maritime) et Vertolaye (Puy-de-Dôme). Avec un chiffre d'affaires annuel de près d'un milliard d'euros et 3200 salariés dont 1200 en France, la nouvelle entité, évoluant indépendamment de Sanofi, se positionnerait comme le numéro un mondial des API chimiques et le numéro deux mondial de l'ensemble du marché mondial des API, derrière le géant suisse Lonza, spécialiste des principes actifs destinés aux médicaments biologiques. En vue de son entrée en Bourse, EuroAPI souhaitait recruter quelques investisseurs stables à côté de Sanofi qui ne conserverait que 30 % du capital. Il y aurait déjà un peu d'investisseurs institutionnels comme la BPI (Banque publique d'investissement) et de son équivalent anglais, pour un global inférieur à 50 %. La firme française s'engagerait à s'approvisionner durant cinq ans renouvelables auprès de cette nouvelle entité. Si l'objectif affiché est d'assurer une plus grande stabilité dans l'approvisionnement de médicaments en Europe, le géant pharmaceutique envisage tout de même un chiffre d'affaires entre un et deux milliards d'euros… Il n'y a pas de petits profits !

Pour Sanofi, il n'y avait de meilleure opportunité : arriver en pleine pandémie, jouer sur l'effet d'annonce alors que tout sous-entend en fait, un intérêt financier. Pourtant des alternatives existent pour stabiliser l'approvisionnement en médicaments : constituer des stocks de médicaments essentiels, rapatrier en France et en Europe un maximum d'étapes de fabrication pour la plus grande indépendance possible. En fait, pour vraiment mettre cette structure au service des populations, la solution la plus évidente serait d'en assurer un contrôle public. De l'argent public y étant injecté, cela serait logique, les autorités et les citoyens étant les mieux placés pour décider des médicaments dont ils ont besoin. Ne pas oublier aussi qu'en plein cœur de la crise sanitaire, les établissements publics se sont mobilisés avec des sous-traitants privés pour produire en urgence des médicaments critiques. C'est donc qu'une production publique de médicament est possible. Pour que l'UE reprenne la main sur la production pharmaceutique, l'organisation OTMeds a formulé plusieurs propositions, telles que cartographier la production européenne des différents médicaments ainsi que les investissements réalisés par les États, l'UE et les entreprises privées pour évaluer le niveau d'argent public injecté ; améliorer la gestion des stocks ; faire en sorte qu'un même médicament soit produit au moins dans trois pays différents pour éviter les ruptures d'approvisionnement en cas de crise dans un territoire ; réformer les critères des brevets pour faciliter la production publique quand c'est nécessaire. L'innovation est du côté de la recherche publique… à partir de ce moment-là, si on met de l'argent public pourquoi ne pas tenter une production publique. L'OTMeds se base sur l'exemple du Brésil qui a mis en place dans les années 1990, une politique nationale du médicament et lancé une production publique pour répondre aux besoins de son système de santé, ce qui a fait baisser le prix des médicaments. Aux États Unis une fondation *« Open-Insulin », a développé un projet de production locale d'insuline* à petite échelle et hors du secteur privé. La gouvernance de la fondation est assurée par des chercheurs, mais aussi par des personnes atteintes de diabète. En Europe, les Pays-Bas ont mis en œuvre une production publique de certains médicaments dans les laboratoires de leurs hôpitaux parce que les firmes voulaient quintupler les prix de leurs produits. L'enjeu de l'accès aux médicaments étant devenu visible dans le monde entier avec la pandémie de VIH. Il s'est de nouveau posé en Europe avec les médicaments vendus une fortune. La Covid-19 a encore une fois rebattu les cartes, car « *derrière les questions industrielles se cachent des questions d'éthique et de droit à la santé* », insiste Pauline Londeix cofondatrice de l'OTMeds qui déplore aussi *« un manque de compétence sur le sujet des personnes qui mettent en œuvre les politiques publiques en France ».*

Il serait donc grand temps que les choix stratégiques en matière de santé reviennent aux États, que les produits de santé sortent du marché de l'offre et de la demande, que la production de médicaments essentiels soit relocalisée en Europe et qu'enfin, en France, la recherche publique soit dotée des moyens nécessaires à la santé et au bien-être des générations à venir.

## 16. Peut-on sortir des griffes de Big Pharma ?

La pandémie Covid-19 a mis en évidence la crise de l'industrie pharmaceutique qui se préoccupe plus de l'intérêt des actionnaires que de la santé des malades et a rendu encore plus criante la dépendance de l'État aux industriels du médicament. Elle a aussi révélé les risques de rupture d'approvisionnement de certains médicaments essentiels. Au plus fort de la crise, les établissements publics français se sont mobilisés avec des sous-traitants privés pour produire en urgence des médicaments critiques en rupture de stock. C'est donc que finalement une production publique est possible. Les industriels sont portés par leurs brevets qu'ils estiment légitimés par la prise de risque, mais c'est de l'argent public qui assume aujourd'hui l'essentiel de ce risque. L'innovation, elle, est du côté de la recherche publique, associée à des biotechs qui en sont l'émanation. La détention d'un brevet est la boîte de Pandore des multinationales, car pas possible pour d'autres de produire le traitement à moins d'être traduits devant un tribunal. Est-il possible d'obliger l'industrie pharmaceutique à lâcher du lest sur ses intérêts financiers ? Tout est possible, à condition de le vouloir. Tout d'abord, en posant des conditions aux programmes de recherche financés par l'argent public. C'est ainsi que 47,5 millions d'euros ont été alloués via le programme de recherche « Horizon 2020 ». Lorsque des molécules efficaces sont identifiées dans le cadre de ces programmes de soutien à la recherche, les traitements sont généralement brevetés par des entreprises privées qui en détiennent ensuite le monopole de production, pour les vendre cher, très cher : est-ce normal de payer deux fois nos médicaments pour le bien-être de la finance au détriment d'un public débordé de taxes et victime de déremboursements à tout va ? L'Europe a investi 45 millions d'euros via un partenariat public-privé « *Innovative Medicines Initiative* », 45 autres millions devant être abondés par les entreprises. Les autorités européennes ont aussi prêté 80 millions d'euros aux entreprises qui travaillaient sur un vaccin, via la Banque européenne d'investissement. Il devrait donc être possible d'intégrer à ces financements un plafonnement du prix de vente. Tout est faisable, mais dépend de la volonté publique. Il est pourtant tout à fait envisageable d'inscrire dans ces contrats des clauses sur les licences des futurs traitements, sur la transparence de toutes les données des essais cliniques ou sur l'accessibilité des médicaments, même si les prix restent une compétence nationale des pays membres. Mais, pour l'instant, aucun des programmes lancés par l'Union européenne ne fait clairement mention de ces garanties. Un autre moyen à disposition serait une obligation de transparence sur les fonds publics qui ont contribué à développer un traitement chez une même entreprise pharmaceutique. Une autre solution, enfin, serait d'ouvrir des licences « non exclusives » dans les contrats de financement. Le marché du médicament est régi par les règles de propriétés intellectuelles : traitements et vaccins sont couverts par des licences, mais peut recevoir des fonds de la France, de l'Allemagne, de l'Union européenne pour développer une même molécule. Il est en fait très compliqué d'avoir une vision réelle de tout l'argent public investi dans une recherche donnée. Même si les entreprises qui détiennent des droits exclusifs peuvent distribuer des licences volontaires à d'autres producteurs de leur choix, cela n'est pas suffisant. Pourquoi ne pas exiger la transparence ou demander des licences d'office ? C'est tout l'enjeu d'une initiative lancée par des ONG et des pays dont le Costa Rica qui s'appuient sur une action lancée en 2010 : les « communautés de brevets », appelées « *licences patent pool* ». L'initiative coordonnée par l'organisation internationale Unitaid visait à améliorer l'accès aux traitements antirétroviraux contre le sida dans les pays à faibles revenus. Puis elle s'est élargie aux traitements contre l'hépatite C et la tuberculose. Dans ce cadre, les multinationales détentrices des brevets donnaient leur accord pour que des fabricants de médicaments génériques de pays du Sud puissent produire et distribuer le médicament localement. Autre recours : casser les brevets des entreprises. Si un labo refuse de distribuer de son plein gré des licences pour permettre à d'autres producteurs de fournir des traitements génériques, les pays peuvent décider que l'accès à ces médicaments est d'intérêt général. L'État casse alors le brevet, lève le monopole détenu par l'entreprise et autorise d'autres producteurs à fabriquer le médicament. Plusieurs pays du Sud ont utilisé cette possibilité depuis le début des années 2000. Le Brésil et son président de l'époque, Lula, ont ainsi cassé le brevet de Merck sur l'antirétroviral Efavirenz® (*emtricitabine*) en 2007. Mais le pays avait déjà mis en place dans les années 1990, une politique nationale du médicament et lancé une production publique pour réponde aux besoins du système de santé, qui a fait baisser le prix des médicaments. Le pays n'avait pas les moyens de payer les trithérapies développées par BMS, à partir des années 1996, elles coûtaient 20 000 dollars par an et par patient. Le ministre de la Santé de l'époque a donc demandé à la Fiocruz - équivalent brésilien de l'Institut Pasteur - de créer une structure de production pour deux molécules de la trithérapie assez peu chères à produire, en utilisant les licences d'office permises par les accords ADPIC. Des entreprises brésiliennes ont ainsi pu produire des versions génériques et moins chères du traitement. Les firmes n'ont pas vu ça d'un très bon œil, mais comme le Brésil ne représente pas un marché important, elles se sont tues jusqu'au moment où le Brésil en 1998, a décidé d'aider d'autres pays, notamment africains, en leur vendant sa production de génériques à bas coût. Les Big Pharma ont alors vu rouge au motif que les accords ADPIC ne permettent pas au pays d'exporter sa production. Cela donnera lieu au procès de Johannesburg où les multinationales attaquent le Brésil et vont gagner. Viendront ensuite les négociations du Cycle de Doha qui s'enlisent. En dernier lieu, le Brésil n'a jamais eu le droit d'exporter ses génériques. Depuis, sur initiative du président Clinton, les laboratoires ont eux-mêmes développé des génériques et on est tombé à des coûts de traitement annuels de 100 dollars par patient… La marge de manœuvre est donc étroite. Cela a été possible parce que le Sida faisait des millions de malades et des centaines de milliers de morts, et que le désespoir pouvait conduire des populations à la révolte. Reste qu'aujourd'hui, on n'a toujours pas le droit d'exporter un générique. D'après l'accord de Doha, chaque pilule ou gélule doit être identifiée avec un certain nombre d'informations. Le coût de l'impression de ces informations, représentant cent fois le coût de production du médicament, rend de fait, impossible la production pour l'export. En 2012, l'Inde a aussi émis une licence obligatoire pour passer outre un brevet de Bayer sur un anticancéreux et pouvoir ainsi produire localement des versions génériques. En 2016, la Colombie a annoncé vouloir émettre une licence obligatoire sur le traitement contre la leucémie Glivec® (*imatinib*) produit par l'entreprise suisse Novartis. Par la suite le labo a exercé des pressions à répétition sur le gouvernement colombien pour protéger son brevet en le menaçant de porter l'affaire devant un tribunal international d'arbitrage. Tribunaux devant lesquels les multinationales demandent des milliards de compensations aux États. Dans les pays du Nord, les procédures de licence d'office servent plus d'épouvantail pour faire pression sur les entreprises. En 2001, il a suffi aux USA d'évoquer une possibilité de licence obligatoire pour pousser Bayer à baisser le prix de son antibiotique contre l'anthrax. Le pays a alors fait face à une série d'attaques via des lettres contaminées par le bacille. Les firmes ne plaisantent pas…

En Europe, c'est un tabou, les états ont plutôt tendance à protéger les grands groupes pharmaceutiques, surtout ceux qui les hébergent. Toutefois, les Pays-Bas, qui font souvent exception, ont mis en place une production publique de certains médicaments dans les laboratoires de leurs hôpitaux, parce que les firmes voulaient quintupler le prix de leurs produits en refusant de négocier et, comme personne n'a le moyen de les y contraindre, médecins, pharmaciens et ONG s'unissent pour produire eux-mêmes des produits alternatifs bien moins chers. L'État hollandais a aussi cherché à développer des alliances avec ses voisins pour peser davantage face aux laboratoires, car reproduire un médicament ancien est aisé, mais fabriquer un produit innovant, l'est beaucoup moins. En 2014, le gouvernement a ainsi lancé une expérimentation de négociation conjointe avec d'autres petits pays européens, comme la Belgique, le Luxembourg, l'Autriche et l'Irlande, baptisé BeNeLuxAl, afin de peser contre les laboratoires Vertex et Nusinersen exerçant un chantage pour négocier des prix élevés. Ce qui n'a pas suffi. L'Union européenne ferait bien sûr la force, mais l'Allemagne et la France refusent en raison du poids des entreprises pharmaceutiques chez (eux) elles. Dans l'idéal, pour éviter les bras de fer entre les différents gouvernements, l'idée défendue par des ONG comme Wemos : « *les prix des médicaments seraient fixés à l'échelle européenne, en fonction du niveau de vie et du pouvoir d'achat de chaque pays* »... Cela ne semble toujours pas au programme de l'UE. Le pays expérimente aussi depuis une dizaine d'années un moyen de faire baisser les prix, sans rogner sur l'efficacité des produits. Des appels d'offres sont lancés tous les six mois pour des médicaments dont les brevets ont expiré. Ces produits peuvent être recopiés et fabriqués à l'identique par d'autres laboratoires puis vendus sous forme de génériques. Le fabricant au tarif le moins élevé, gagne le droit de voir son produit élu au remboursement par les assureurs et sera le seul proposé dans sa catégorie pendant six mois. En Hollande, les génériques sont entrés dans les mœurs et les grandes entreprises pharmaceutiques y sont moins influentes. Les ordonnances des médecins n'y sont pas orientées par le lobbying comme en France, mais simplement par le médicament gagnant l'offre et qui sera remboursé. L'hyperconsommation de médicaments y est aussi moins présente que dans l'Hexagone. Un Hollandais consomme environ chaque année 22 boîtes de médicaments contre 48 pour un français. Il y a toutefois un revers à la médaille, les prix sont fixés à des niveaux très bas, ce qui conduit les industriels à ne pas faire de stock. La qualité des remèdes est hautement contrôlée pour éviter que les prix soient cassés aux dépens de la qualité pour gagner l'appel d'offres. Mais, comme sept génériques sur dix sont fabriqués en Asie, la moindre erreur sur la chaîne de production peut entraîner des ruptures d'approvisionnement. C'est, surtout, le manque d'adaptation des fabricants qui est en cause, car les pénuries concernent principalement les médicaments bon marché qui ne sont pas les plus intéressants pour les géants de la pharmacie. Cet effet pervers du système hollandais peut être corrigé en s'inspirant par exemple de l'Afrique du Sud où, le fabricant qui propose le générique le moins cher est choisi, puis les autorités proposent à deux autres fabricants de s'aligner sur son prix pour être en échange remboursés. Ainsi, les prix diminuent et le souci des pénuries est évité puisque plus d'un médicament par catégorie est remboursé.

L'enjeu de l'accès aux médicaments était devenu visible avec la pandémie de VIH, il s'est posé à nouveau en Europe ces dernières années avec des médicaments très onéreux comme le Solvadi® contre l'hépatite C (41000 euros la cure lors de sa mise sur le marché en France en 2014). La Covid a encore une fois rebattu les cartes, car derrière les profits industriels existent des problèmes d'éthique et de droit à la santé. En France, des groupes politiques de gauche ont déposé à l'Assemblée nationale et au Sénat des projets de loi demandant la création d'un « Pôle public du médicament ». Cette exigence s'étend également dans la population au-delà des mouvements de gauche : une campagne d'Initiative citoyenne européenne est en cours pour faire des vaccins « un bien commun de l'Humanité », prolongeant ces propositions au niveau européen. Ce Pôle du médicament, s'intéresse à l'ensemble du processus conduisant de la recherche, à la mise à disposition des médicaments et vaccins aux malades et fait de la sortie du médicament du marché, un de ses principaux objectifs. Effectivement, les négociations sur un accord-cadre en 2016 entre le CEPS (Comité économique des produits de santé) et le LEEM, n'ont en rien écorné le niveau injustifié des dividendes des actionnaires des multinationales de la pharmacie. Et, laisse loin derrière, les besoins d'une régulation médicamenteuse, d'une maîtrise budgétaire et les enjeux de l'innovation pharmaceutique. Les multinationales à qui l'on offre un CIR (Crédit d'impôt recherche), censé favoriser l'emploi scientifique et l'investissement dans la recherche, l'ont utilisé à d'autres objectifs. Le CIR de Sanofi a plus que doublé entre 2008 (70 millions d'euros) et 2015 (150,7 millions d'euros) et dans ce même temps plus de 5000 emplois ont été supprimés. Des sites de recherche ont été réduits, fermés ou vendus, à Bordeaux, Toulouse et Montpellier ; des axes thérapeutiques abandonnés, des équipes de chercheurs démantelées et plus de 70 projets de recherche abandonnés. Pourtant l'argent ne manque pas. Avec 12,3 milliards de résultats nets consolidés, Sanofi progresse de 338 % sur 2019 (2,8 milliards) devenant premier au classement du CAC 40. Ces dernières années, l'industrie pharmaceutique est devenue un des secteurs boursiers qui réalise les bénéfices les plus importants, devançant le secteur du pétrole ou celui du luxe. Profitant du quasi-monopole qui est le sien grâce aux brevets, elle a obtenu de fixer ses prix non au regard des coûts, mais au prix de la vie sauvée. Il devient donc nécessaire d'opposer la force publique aux industriels et de mettre un terme à cette situation et il est urgent de retrouver une maîtrise publique dans la politique du médicament et de nationaliser tout ou partie des firmes afin de créer un pôle public industriel. Les moyens existent : les chercheurs du public et du privé pour développer les technologies ; les outils réglementaires pour contrôler les médicaments ; les capacités industrielles pour les produire et pour définir et construire un autre modèle d'industrie pharmaceutique en réduisant les exigences de rentabilité. Il faut coupler recherche publique, industrie pharmaceutique, Sécurité sociale et usagers du médicament. Le Pôle public du médicament se propose donc de faire grandir une autre industrie pharmaceutique couplée à des normes d'accès universel et de maîtriser les dépenses de médicaments par la Sécurité sociale qui, jusqu'à présent, paie sans sourciller la rente d'innovation exigée. Il s'agirait de construire d'autres partenariats avec le système public de recherche pour développer de nouvelles recherches dans le secteur public et dans le secteur privé, afin de répondre aux besoins de santé grâce à l'intervention citoyenne et syndicale, à la vigilance des assurances sociales, des mutuelles et des associations de patients. Ce Pôle public du médicament, veut impulser une recherche fondamentale authentique, c'est-à-dire, non orientée vers un profit immédiat, et mettre en place une vraie collaboration à partir des découvertes scientifiques permettant de développer médicaments et vaccins. Il favorisera des coopérations entre le secteur public et les entreprises privées.

Il faut donc en France, mais aussi en Europe et dans le monde, un maillon de plus : une entreprise publique et un contrôle du public. Les missions et moyens pour y aboutir seraient : une transparence démocratique « le Conseil National du Médicament », sortir de la logique des brevets, promouvoir une recherche forte en France. Plusieurs dispositifs étrangers publics ou à but non lucratif de production et de distribution de médicaments sont des exemples, comme la Fiocruz au Brésil (Pôle de production de médicaments essentiels de la fondation Oswaldo Cruz), le groupement sans but lucratif Civica Rx /Nonprofit generic drug & pharmaceutical, aux États-Unis, les entreprises pharmaceutiques du secteur public sous autorité ministérielle en Inde, la production de médicaments essentiels dans le cadre du « Service sanitaire coordonné » en Suisse. Ce pôle public pourrait être financé par l'État, mais aussi par des coopérations avec d'autres pays d'Europe ou par des organismes publics internationaux. Enfin, associer plus étroitement l'hôpital, la pharmacie hospitalière et l'industrie pharmaceutique est nécessaire. La France est une grande puissance mondiale, à ce titre il est indispensable de recentrer la production des biens essentiels à la santé des citoyens La soumission à un système de santé hors de contrôle n'est plus acceptable, la globalisation néolibérale ne permettant pas d'assurer l'indépendance des pays. C'est en gros l'idée.

Les États, donc les deniers publics, financent lourdement les firmes pour la recherche, la production et la prise en charge de la pharmacovigilance des vaccins alors que les laboratoires fixent les conditions de mise à disposition, assurent leur monopole mondial par les brevets et engrangent des profits colossaux. Et les contribuables mettent deux fois la main à la poche en toute innocence. Il serait donc vraiment salutaire de sortir le médicament, en général, et les vaccins en particulier, de la marchandisation, car derrière les questions industrielles et boursières et quelques notables, se cachent des questions d'éthique et de droit à la santé pour tous. J'ajouterai même en tant que patient lambda que la crise sanitaire a permis sans conteste, de mettre devant l'opinion publique, en toute clarté, le fonctionnement actuel d'un système devenu abusif et qu'il serait temps de se réveiller… cela devient, ni plus ni moins, une histoire de vie ou de mort pour certains voire chacun d'entre nous… Et, ça, le politique avec ses tableaux Excel, ses ruineux Cabinets de conseil et ses propos soporifiques, voire manipulateurs, apparemment, pour l'heure, il s'en fiche ! …

Pourtant, un autre business model, plus éthique et humaniste, que peu connaissent, est possible. C'est celui qui est exemplifié par les laboratoires Pierre Fabre. On connaît leurs produits, mais ce qu'on sait moins, c'est qu'ils font exception dans le monde des grandes firmes. Une gouvernance guidée par l'intérêt général, un positionnement unique, une stratégie pour l'avenir et créer de la valeur pour tous, tel est leur fonctionnement. Détenu à hauteur de 86 % par la Fondation éponyme reconnue d'utilité publique, le laboratoire Pierre Fabre affiche une structure actionnariale unique en France pour un grand groupe industriel. Les salariés constituent le deuxième actionnaire de l'entreprise à travers un Fonds Commun de Placement Entreprise. Une structure qui n'a pas d'équivalent connu, mise en place progressivement depuis 2005 et qui assure à l'entreprise son indépendance et sa vision à long terme. Conseil d'administration et Comité de direction collaborent étroitement pour inscrire la stratégie dans la durée. Cet actionnariat original confère au Groupe indépendance, possibilité d'inscrire ses actions dans le temps et obligation d'une éthique irréprochable. C'est également un actionnariat qui requiert un niveau de rentabilité suffisant, le Groupe ne pouvant compter sur son actionnaire pour se recapitaliser et devant permettre statutairement à la Fondation de disposer des moyens financiers nécessaires à la conduite de sa mission d'utilité publique. Ses résultats, bénéficiant in fine à la Fondation Pierre Fabre, contribuent à améliorer l'accès à la santé des populations les plus démunies de la planète. Cette finalité est grandement porteuse de sens et de fierté pour les collaborateurs du Groupe, mais plus largement pour l'ensemble des parties prenantes qui apportent leur contribution à son modèle de construction de valeur : patients et consommateurs, professionnels de santé, fournisseurs, prestataires et partenaires. Il s'agit d'un modèle d'affaires fondé sur un projet économique et humaniste. Ses deux activités complémentaires : le médicament et la dermo-cosmétique permettent au Groupe d'avoir une approche globale de la santé : prévenir, soigner, accompagner. Ses solutions couvrent les besoins des patients dans quatre domaines principaux : soins de la peau et des cheveux, cancer, maladies chroniques et maux du quotidien. La nature étant source de bienfaits pour guérir, apaiser, embellir, cette conviction alliée à la rigueur de la recherche scientifique et de l'éthique pharmaceutique confère au Groupe un positionnement unique et exemplaire. Les attentes en matière de naturalité, d'efficacité et d'exemplarité se faisant toujours plus pressantes, Pierre Fabre répond à ces exigences par la sincérité et l'authenticité qui, depuis l'origine, et l'impulsion donnée par son créateur, caractérisent son modèle de développement. Patients, consommateurs et professionnels bénéficient de produits ayant démontré scientifiquement leur efficacité et leur sécurité, car élaborés selon les standards les plus stricts tant au point de vue médical que celui de l'écologie. À l'écoute de ses parties prenantes, et conscient des disruptions du modèle pharmaceutique actuel, le Groupe a lancé un Plan de Transformation ambitieux à horizon 2023, en renforçant notamment les synergies entre ses deux activités et vise une croissance rentable et responsable à partir de son positionnement original. Répondre aux besoins des patients et consommateurs et participer au développement économique, social et culturel des territoires où le laboratoire est implanté, permet à la Fondation Pierre Fabre reconnue d'utilité publique de poursuivre ses missions, et anime au quotidien les collaborateurs…

Si seulement les Big Pharma, nos élites et nos inutiles ronds de cuir pouvaient y trouver matière à réflexion !

## 17. Un écosystème sanitaire français au bord du gouffre

La crise sanitaire a aussi mis en lumière les performances des écosystèmes sanitaires français et a conduit au constat déplorable de sa modeste efficience : qualité de la prévention, réactivité, gestion de la crise, nombre de contaminés ou de décès par catégories de populations… La comparaison avec les pays développés d'Asie, mais aussi avec nos voisins allemands, dotés d'une organisation sanitaire décentralisée et de moyens initiaux supérieurs, dans le domaine du dépistage et des tests ainsi que dans leurs capacités hospitalières est effectivement très parlante. En France, avec la saturation des salles de réanimation et des services d' urgences, déjà en lutte depuis des mois par l'intermédiaire des collectifs « Inter-Hôpitaux (CIH) », « Inter-Urgences », « Santé en danger », « Notre Hôpital, c'est vous », etc.(rien que ça !) pour demander plus de moyens, les soignants ont dû, dans les premiers mois de la pandémie, faire parfois des choix drastiques entre les soins vitaux, dont la liste se réduisait au fur et à mesure et ceux qu'on sacrifiait, toujours plus nombreux. Dans certains cas, comme en Alsace, cela revenait même à se demander qui il fallait maintenir en vie et qui, il fallait laisser mourir. Comment expliquer qu'au 22 mars 2020, on comptait déjà 272 morts dans le grand Est, alors qu'à deux pas de là, dans le Bade-Wurtemberg outre-Rhin, où la population est deux fois plus nombreuse et l'épidémie plus précoce, il y en avait seulement que 23 ? Les pouvoirs publics français ont toujours utilisé l'hôpital dans leurs actions et leur communication. À savoir déjà, qu'à la différence de nombreux pays, il n'y a pas en France, de séparation claire entre communication publique et communication politique. Cette confusion et la domination du volet politique ont même conduit à s'interroger sur les indicateurs publics mis en avant, scénarisés et indubitablement manipulés dans le cadre du combat partisan. En outre, l'hôpital a été fortement mis à contribution pour différentes opérations de santé spectacle aux conséquences sanitaires dérisoires : transfert de quelques patients dans des hôpitaux luxembourgeois ou allemands, déploiement d'un hôpital militaire de campagne en Alsace, trains et avions spectacle mis lourdement en scène par les médias. Quant aux priorités de gestion de la crise par le pouvoir lors du premier confinement, tout a été centralisé sur l'hôpital public, seul capable, selon le gouvernement en place, de prendre en charge les patients Covid. Il n'y a pas eu d'autre mobilisation de l'écosystème sanitaire français, mais plutôt une marginalisation du secteur hospitalier privé considéré comme supplétif, la mise à l'écart des laboratoires d'analyse et des laboratoires vétérinaires pour le dépistage et le dessaisissement des médecins généralistes de toute prise en charge thérapeutique pour être renvoyés au seul diagnostic de la maladie avant l'envoi des cas inquiétants à l'hôpital public. Dans ces circonstances dramatiques et exceptionnelles, l'hôpital public, pourtant en crise, a malgré cela, montré de réelles capacités de mobilisation, d'adaptation et de résilience permettant de dépasser ses limites et pesanteurs : spécialisation Covid/non-Covid des établissements, transformations rapides des priorités avec de vastes déprogrammations de soins au détriment des autres patients, transferts interrégionaux de patients. Mais… consultations reportées, hospitalisations déprogrammées, interventions annulées … La prise en charge des patients Covid a pris le dessus sur tout le reste avec le risque d'aboutir à des drames. Les conséquences sanitaires de la désorganisation du système de santé lors du premier épisode, parfois mortelles, sont désormais palpables : cancers, infarctus, AVC… sont la double peine des dégâts collatéraux de la Covid-19, dans un système inadapté. Pourtant, ce fut un cri d'alarme du monde médical : la Covid ne doit pas empêcher de soigner les autres pathologies. Lors de la deuxième vague, les hôpitaux ont essayé de déprogrammer le moins possible leur activité hors Covid pour éviter d'alourdir la facture, déjà pesante de la première vague : perte de chance de patients atteints de cancers, de maladies chroniques, mais aussi de pathologies bénignes compliquées du fait des retards de prise en charge. Et ce n'est pas la seule raison : le recours aux soins a diminué de manière très forte dès le début du confinement sur l'ensemble du territoire.

Le 28 octobre 2020, Macron déclarait « *avoir formé près de 7000 infirmiers et médecins pour pouvoir travailler en réanimation et des capacités de 5000 lits (...) pouvant être portées jusqu'à 10 000 en réanimation* ». Le Collectif Inter-Hôpitaux, signale que les personnels formés l'ont été à la va-vite, allant de 2 à 15 jours selon les hôpitaux. Or, un minimum de six mois est nécessaire pour former des infirmiers à la réanimation. L'affectation de personnels insuffisamment préparés a plutôt été une source d'angoisse majeure pour les professionnels et un risque de perte de chance non négligeable pour les patients. De plus, ce renfort paramédical a été retiré à d'autres services, pénalisant ainsi l'accueil d'autres patients. Les lits de réanimation supplémentaires annoncés, quant à eux, étaient situés dans des unités de soins non réanimatoires, dites de soins intensifs, sans l'équipement habituel d'une réanimation, ils ne pouvaient être qualifiés de lits de réanimation. En mars, Macron rendait aussi un vibrant hommage *« aux héros en blouse blanche »*. Un discours qui n'a pas manqué de faire réagir les médecins en lutte depuis des mois, voire des années pour certains, pour dénoncer la politique « d'entreprise commerciale », menée à l'hôpital public. La crise a même été l'occasion de la reconnaissance de la Nation vis-à-vis des soignants : applaudissements à 20 heures tous les jours, mais aussi d'un retour et surtout du sens et de la noblesse du métier d'hospitalier puisque *la bureaucratie avait provisoirement reculé et que les soignants ont recommencé à pouvoir faire leur métier.* Reconnaissances bien tardives, au vu des alertes lancées depuis des mois sur les conditions de travail et de soins dégradées. « *Une déclaration d'amour à l'hôpital public, c'est bien. Des moyens humains et financiers pour pouvoir soigner tous les Français, c'est mieux* » ! A déclaré le CIH, sur Twitter !!

L'hôpital et surtout l'hôpital public est donc, et a été, au cœur de la stratégie du pouvoir en place dans la lutte contre la Covid-19. Le fondement historique de l'hôpital public est d'accueillir, soulager, combattre la maladie et la mort : mais dans quel état se trouvait cette grande institution avant les confinements ? Après la Seconde Guerre mondiale et jusque dans les années 1980, l'hôpital français est une très grande institution, à l'image des CHU (Centres hospitaliers universitaires) créés en 1958 en appui de l'assurance maladie, une branche de la Sécurité sociale alors gérée par les partenaires sociaux. Jusqu'aux années 1970, c'est la croissance à la fois économique et démographique. Tout change à partir des années 1970/1980 avec l'apparition des fameux trous de la sécu, de plus en plus difficiles à combler. À compter des années 1990, plusieurs réformes vont contribuer peu à peu à l'étatisation et à la bureaucratie managériale de l'hôpital avec pour objectif assuré de maîtriser la croissance des dépenses hospitalières. Cela a commencé avec la réforme Juppé de 1995 qui nationalise de fait l'assurance maladie via les lois de financement de la Sécurité sociale. Cette réforme crée les Agences régionales de l'hospitalisation (ARH) devenues depuis Agences régionales de santé (ARS). Puis surviennent les réformes de 2005 et ensuite la loi du 21 juillet 2009 « HPST » portant réforme de l'hôpital et relative aux patients, à la santé et aux territoires, de Roselyne Bachelot et renforçant encore le pouvoir managérial aux dépens du pouvoir médical. Enfin, la loi du 26 janvier 2016, relative à la modernisation de notre système de santé de Marisol Touraine rend, par exemple, obligatoire l'adhésion des établissements de soins à des groupements hospitaliers de territoire (GHT). Deux autres transformations juridiques et culturelles semblent en surplus avoir une incidence douloureuse sur l'institution hospitalière. Il s'agit d'abord au début des années 2000, de l'application à l'hôpital de la réduction du temps de travail à 35 heures (RTT), par le gouvernement Jospin. Vingt ans après cette réforme n'est pas encore digérée, car elle a profondément désorganisé l'institution et a fait perdre le sens de mission aux hospitaliers. Il y a eu ensuite les fortes conséquences sur la culture sanitaire et hospitalière du principe de précaution constitutionnalisé en 2005 et des multiples risques de mise en cause pénale suite à la dramatique affaire du sang contaminé. D'un autre côté, la perte d'attractivité pour les professions de santé, y compris les carrières médicales hospitalières, est la conséquence de rémunérations insuffisantes. Pour les médecins surtout, l'écart public-privé est trop important et responsable d'une fuite vers le secteur libéral, en anesthésie, radiologie ou cardiologie interventionnelle, notamment. Et ce n'est pas tout : la dégradation des conditions de travail pour les personnels soignants se traduit par l'augmentation de la charge de soins par patient en raison d'un manque de moyens, l'absence de remplacement des collègues en arrêt maladie ou en congé maternité, l'absence de reconnaissance et de valorisation, la suppression de postes et des heures supplémentaires plus ou moins imposées et rémunérées.

À la fin des années 2000, la gestion de l'hôpital public est passée du budget global à la tarification à l'activité (T2A). Cette T2A, emblématique d'une philosophie managériale recherchant l'efficience des coûts avec une approche s'inspirant du secteur privé alors même que la santé en France échappe à la logique du marché, puisque son financement est public et centralisé. La tarification à l'activité et les GHM (Groupe homogène de malades) ont été établis dans d'autres pays pour diminuer les délais de prise en charge et les listes d'attente pour une intervention chirurgicale, ce qui n'est pas le cas en France. La T2A ne répond pas aux exigences des situations complexes, aux soins des maladies chroniques et à la complémentarité ville-hôpital. Elle provoque des effets pervers sur la pertinence des soins, les hospitalisations indues et les sorties prématurées. Elle bloque le passage à l'ambulatoire, interdit un séjour en hospitalisation de jour de deux journées de suite, oublie le social et le dialogue entre les professionnels de santé et les patients, ne prend pas en compte la prévention, l'information et l'éducation des malades et des citoyens, gêne l'implantation d'innovations en raison du coût de développement. En fait, les établissements de santé sont confrontés à des injonctions paradoxales : ils doivent répondre aux besoins des populations liés à des pathologies chroniques pouvant engendrer des pertes d'autonomie et, en même temps, trouver un modèle économique centré sur la tarification à l'activité. De plus, ils doivent développer une logique de territoire au travers des Groupements Hospitaliers de territoire. Mais ces derniers ne couvrent ni l'offre ambulatoire, ni les établissements privés et très peu d'établissements médico-sociaux. Ils doivent aussi se préparer aux défis des nouvelles technologies, mais très souvent leur capacité d'investir est faible, voire nulle. Or, pour les personnes en quête de soins, ces évolutions demeurent invisibles. À la recherche d'une réponse immédiate et de qualité à leurs difficultés, elles constatent soit des territoires où il est de plus en plus difficile de trouver un médecin traitant, soit des établissements de santé qui sont confrontés à des difficultés de recrutement de certains spécialistes ou de personnels paramédicaux. Et ne perçoivent finalement qu'une chose : l'allongement de plus en plus important des délais d'attente. Cette situation provoque également une forme de perte de sens pour les professionnels. Qu'attend-on de notre système de santé ? Comment résoudre des situations de plus en plus complexes où la situation sanitaire et la situation sociale sont de plus en plus intriquées ? Comment se saisir de cette notion vague de « parcours » pour mieux répondre aux besoins des personnes ? La préférence pour une logique de structure, plutôt qu'une logique de services intégrés, la confrontation des compétences, la dissociation des responsabilités d'intervention sociale (affectée aux collectivités locales), de celles d'intervention en santé (compétence de l'État) sont autant de choix d'organisation qui ont scellé le cloisonnement de notre système de santé. Les contraintes économiques ont aussi joué un rôle dans ce fonctionnement : la tarification à l'acte ou à l'activité n'incitant pas au travail collectif et continu. Pourtant, depuis des années, le maître mot est « coordination ». Et les instances de coordination se multiplient et se superposent. Les « communautés professionnelles territoriales de santé » sont là pour mettre en œuvre un concept très spécifiquement français : le « parcours de soins des patients ». La mise en place et le fonctionnement de ces instances ont un coût qui s'ajoute déjà à celui très élevé des dépenses d'administration de notre système de santé. Effectivement, la France y consacre 11,2 % de son PIB, ce qui la place dans le peloton de tête des pays européens. Mais, ce que l'on sait moins, c'est que notre pays arrive juste derrière les États-Unis en ce qui concerne les dépenses d'administration du système. Elle y consacre 5,7 % de nos dépenses de santé, contre 3,4 % pour la Belgique, 3,9 % pour les Pays-Bas et 1,7 % pour la Suède.

Les dépenses hospitalières sont régulées par l'ONDAM (Objectif national de dépenses d'assurance maladie), basées sur une prévision d'activité qui fixe l'évolution des dépenses de santé. Toute augmentation d'activité entraîne une baisse des tarifs pour rester dans le cadre financier défini (effet volume/prix). Or, les tarifs sont basés sur les coûts moyens de production des groupes homogènes de malades (GHM). Une baisse de tarifs sans contrôle des éléments de gestion correspondant devient contre-productive si elle conduit à travailler à perte. Toute augmentation des MIGAC (Missions d'intérêt général et de l'aide à la contractualisation) a la même conséquence. Ce cercle vicieux aboutit à un essoufflement et à une démotivation des acteurs. À la vision médicale de l'hôpital public s'oppose donc une vision managériale exclusive à dominante économique et budgétaire. Le qualificatif « soin » a cédé la place au quantificatif « volume » sans chercher la pertinence et le résultat pour le malade. Le tri des activités, rentables ou non, est le fil conducteur de la politique suivie par chaque hôpital. L'éthique médicale s'y trouve largement bafouée. Le nombre de lits et le nombre de personnels soignants sont devenus des variables d'ajustement de la moindre dépense, ce qui provoque une course au taux d'occupation des lits et de la réduction des personnels induisant une surchauffe et une inadaptation aux épidémies. De plus, le volume d'activité augmentant chaque année alors que les tarifs baissent avec le même personnel, conduit à un épuisement des professionnels qui ne reconnaissent plus la finalité de leur métier. Une bureaucratie normative de la clinique a fait oublier la maladie et le rôle des professionnels de santé. *La gestion de la contrainte budgétaire a occulté l'objectif médical*. Le fait que le directeur de l'hôpital soit le seul patron depuis la loi HPST de 2009 a supprimé tout poids médical dans la gestion hospitalière. La vision managériale dominant la vision médicale induit une perte de sens des valeurs médicales fondatrices au profit de valeurs économiques, responsables d'un désarroi profond et d'une désespérance des professionnels de santé sans pouvoir de décision, ni même de partage des décisions.

Taille démesurée, centralisme administratif pyramidal, hypertrophie de l'administration (plus de 25 % des effectifs hospitaliers, contre 15 % en moyenne en Europe) réglementation complexe, rigidité de normes aveugles, évaluations et tarifications inadaptées sont les fossoyeurs des hôpitaux publics. Suscitant une perte d'identité, de relationnel et de temps de professionnels accablés de normes et de procédures administratives incomprises. À cause de la captation du personnel soignant par l'administration, le lien médecins-soignants s'est délité, en raison d'une perte de responsabilité des médecins sur le choix et le recrutement des équipes et de la rupture d'un lien hiérarchique devenu uniquement administratif. La création des Pôles regroupant plusieurs services hospitaliers, a très souvent créé une strate médicoadministrative sans réelle délégation de responsabilités, éloignant les médecins de la direction, contribuant à leur démotivation, les équipes médicales et soignantes se sont senties perdues dans un nouvel ensemble dispersant les compétences et diluant les responsabilités. Le temps consacré à la charge administrative, sans cesse alourdi, se fait au détriment du temps consacré à soigner les patients. L'absence de formation des praticiens à cette nouvelle forme de management est un élément supplémentaire de démotivation. De plus, la relation des équipes soignantes avec les patients est impactée par la mobilité des personnels soignants au sein du Pôle pour assurer des remplacements. Combler une absence au sein d'une autre équipe à compétence différente et à organisation différente, contribue à déstabiliser le reste de l'équipe par le surcroît de travail généré et participe à l'absentéisme et à la démotivation des personnels. La pensée bureaucratico-managériale dominante considère que l'incapacité avérée à maîtriser la croissance spontanée de la demande de soins rend nécessaire la réduction de l'offre dans tous les secteurs : hôpital avec les réductions de capacités hospitalières, comme la médecine de ville avec la baisse drastique du nombre de praticiens moins nombreux et plus mal payés qu'ailleurs dans l'OCDE : 3,2 médecins pour 1000 habitants en France contre 4 en Italie et 4,4 en Allemagne. Il y a beaucoup moins de réflexions en France sur le volet de la prévention des politiques de santé, relégué dans les faits au rôle de parent pauvre. La promotion de la santé et la prévention, constituaient théoriquement pourtant un axe majeur de la stratégie santé 2018-2022. Une feuille de route « priorité prévention » avait d'ailleurs été actée en mars 2018 par le gouvernement actuel. « *Celle-ci s'inscrivant dans la continuité des discours et prises de position publiques de ces dernières années induit la nécessité de rétablir l'équilibre avec la prévention dans un système de santé dominé par le curatif* ». Pourtant les évolutions sont bien timides : quelques spots à la télévision entre deux spots publicitaires ! La part de la prévention santé stagne depuis plusieurs années autour de 2 % (alors qu'elle et de 3,1 % en moyenne dans l'Union européenne). Ces efforts sont donc très modestes. La période affecte aussi la recherche médicale avec l'affaiblissement du lien entre l'hôpital et les institutions de recherche, avec l'augmentation du poids relatif du secteur pharmaceutique privé à l'origine d'inéluctables conflits d'intérêts. Cette augmentation est due essentiellement à la réduction progressive du poids de la recherche dans les grandes institutions CNRS, INSERM, qui s'affaiblit depuis une vingtaine d'années, en raison d'un financement squelettique et des rémunérations ridicules des chercheurs, comparées à celles offertes dans la majorité des pays développés. Mais la crise managériale affecte également l'université qui a peu de responsabilités décisionnelles au sein des CHU, y compris, en matière de recherche. Les redistributions financières (MERRI) sont inexistantes. Les attachés de recherche clinique sont fragilisés. Les contraintes budgétaires, les charges administratives croissantes, la gouvernance des établissements et des services, l'évolution des activités, des métiers, des liens avec les hôpitaux de proximité et la médecine de ville sont autant de sujets de préoccupation au sein des CHU.

Plusieurs circonstances ont donc transformé cet outil historiquement prestigieux et performant en un jouet cassé et décrépit. La première tient au centralisme décisionnel et à l'accumulation des couches administratives au-dessus de l'hôpital : ministre et son cabinet, administrations centrales et nombre imposant de structures spécifiques. ARS, et son projet régional, GHT avec ses projets médicaux partagés. Chaque strate étant génératrice pour la strate du dessous de normes, contrôles, besoins de coordination et remontées d'informations. Tout cela ralentit considérablement les processus de décision. Ce phénomène est enfin renforcé par la taille énorme de certaines institutions hospitalières tels l'AP-HP et ses équivalents à Lyon ou Marseille. Le dynamisme, la confiance, la solidarité et l'altérité ne peuvent se bâtir par un management pyramidal. Les strates hiérarchiques et l'inertie qu'elles induisent alimentent l'incompréhension et le rejet d'un système de management épuisant les meilleures volontés. La gouvernance de l'hôpital s'est transformée en une gestion administrative exorbitante. Il s'en est suivi une augmentation irrationnelle des effectifs administratifs formés dans le moule unique de l'École des Hautes Études en Santé publique, développant une vision uniforme gestionnaire et juridique de l'hôpital. Exemple, entre 1983 et 1990 au sein des hôpitaux de Paris, le personnel administratif a augmenté de 24 % alors que le personnel soignant diminuait de 12 %. Les professionnels hospitaliers, et en premier lieu, les soignants dénoncent ce poids considérable de l'administratif, de la gestion et du *reporting* entraînés par le millefeuille administratif générateur de sa propre utilité. Selon l'OCDE, 34 % des postes de l'hôpital français n'effectuent pas de tâches médicales ou paramédicales. Ce taux est nettement supérieur par rapport aux autres pays européens dont la moyenne s'établit autour de 15 %. ! Ce poids de l'administratif cohérent avec des conceptions technico-managériales relativisant le savoir-faire médical et le sens de la mission de santé, met en permanence en avant la productivité et la baisse des coûts /sauf pour le système bureaucratique lui-même. Le système imite le privé, hélas sans son efficacité, avec le culte des indicateurs : taux de remplissage des lits, volume d'activité, mortalité hospitalière, attractivité de l'établissement, durée moyenne de séjour, etc. Indicateurs pouvant bien entendu, être manipulés ou détournés par les opérateurs pour échapper à la contrainte bureaucratique et parfois conduire au contraire de l'objectif initial. La pandémie de Covid a eu le mérite de révéler à tous cette usure et ce climat social de fatigue collective qui certes inclut et dépasse l'omniprésente question des moyens mis en avant par les organisations syndicales du secteur : poursuite de la désorganisation liée aux 35 heures (la majorité des hôpitaux croulent sous les heures supplémentaires), niveau élevé d'absentéisme, démissions, postes ouverts non couverts, faiblesse des investissements et vétusté croissante de nombreux établissements, déficits des établissements publics et croissance plus ou moins maîtrisée de leur dette. Entre les deux confinements, on a encore constaté une lenteur et une rigidité du système français en contraste avec la réactivité de pays comme la Chine, la Suède ou Israël. Plusieurs experts avaient pourtant recommandé des réorganisations des services de réanimation adaptées à la crise : en plaçant notamment les rares médecins-réanimateurs au sein d'équipes plus nombreuses et composées de non-spécialistes, médecins ou infirmiers. Pour ce qui est des actions concrètes sur la refonte globale et durable du système hospitalier, la réponse principale du gouvernement en place s'est résumée en un « Ségur de la Santé » ouvert le 25 mai 2020 par le Premier ministre, avec la promesse de « rénover en profondeur le système de santé » et donc sa composante essentielle qu'est l'hôpital, au regard des difficultés constatées lors du premier confinement et aux multiples prises de parole des hospitaliers. Les conclusions du Ségur de la Santé rendues le 13 juillet suivant démontrent encore une fois que les enjeux d'organisation et de bureaucratie ont rapidement été éludés pour restreindre le débat quasiment à la seule augmentation des salaires et de moyens (programme d'investissement de 6 milliards d'euros et 13 milliards d'euros de reprise de dette). Le Ségur de la santé s'est transformé en sept semaines en un Grenelle express de salaires à l'hôpital. Mais les rémunérations restent toujours au-dessous de la moyenne des pays de l'OCDE et sont loin de combler la dizaine d'années de gel du point d'indice. Un an plus tard, le grand plan ambitieux du gouvernement pour la refonte du système de santé ressemble donc à un électroencéphalogramme désespérément plat : l'hôpital est toujours à l'agonie. Au-delà des annonces du gouvernement, le personnel soignant continue toujours à déserter l'hôpital. De nombreux services, et des équipes du SMUR sont dans l'obligation de fermer par manque de professionnels médicaux ou paramédicaux et les exemples sont nombreux. Partout en France, les hôpitaux n'assurent plus les urgences pendant la période estivale et il faut faire des dizaines de kilomètres pour se faire soigner. Beaucoup de services hospitaliers ont un fonctionnement dégradé. Ce sous-effectif entraîne un allongement du temps de prise en charge et une dégradation de la qualité des soins. Malgré l'ouverture promise de 2686 lits supplémentaires, la capacité hospitalière demeure insuffisante après la fermeture de près de 100 000 lits ces vingt dernières années. L'ouverture de lits nécessite, évidemment, en plus des équipements, une embauche de personnel qualifié qui fait défaut. Le Ségur de la Santé n'a pas entraîné le choc d'attractivité attendu. Des milliers d'infirmiers ont quitté leur métier et l'espoir de leur retour, même en temps de crise est vain. Les paramédicaux ne sont pas attirés ni fidélisés à l'hôpital public en raison des conditions de travail dégradées et l'absence d'attractivité salariale. Le recours croissant aux intérimaires, payés parfois le double des titulaires, sans contrainte de planning, contribue à la démotivation. Les personnels intérimaires sont moins spécialisés et moins intégrés aux équipes qu'ils obligent à une vigilance accrue. Payés une fortune, ils voient leurs tarifs désormais plafonnés à 1390 € bruts/24 heures par la loi Rist, depuis le 3 avril 2023. Ce qui risque de ne pas aller sans dégâts. Si cet argent récupéré servait seulement à mieux rémunérer les titulaires, on verrait peut-être les personnels revenir… Malheureusement, de nombreux lits vont encore fermer avec les grands projets hospitaliers dont ce gouvernement vante les bienfaits pour la population et par manque de personnel. Les délais de prise en charge aux urgences s'allongent, avec des « hospitalisations brancard » par manque de lits d'aval. La culpabilisation et la stigmatisation des personnels soignants devenus bouc-émissaires en raison d'une communication gouvernementale désastreuse accumulant des décisions contradictoires et incompréhensibles, car encore 5700 lits d'hospitalisation en moins en 2020, malgré la Covid. En 2019, la France avait déjà perdu 3400 lits d'hospitalisation complète. La tendance générale fait que notre pays compte toujours de moins en moins de lits d'hospitalisation « *sous l'effet des réorganisations et des restructurations, le nombre d'entités géographiques de statut public ou privé a continué à reculer (25 établissements en moins en 2020, la baisse est plus marquée pour les hôpitaux publics* », dit une étude statistique du ministère de la Santé, publiée le 29 septembre 2020. Ainsi, la France a vu fermer 78 hôpitaux publics depuis 2013, principalement des petits hôpitaux de proximité. Partout en France, des citoyens s'engagent pour leurs hôpitaux : ils luttent contre les fermetures de leurs maternités, de leurs services de chirurgie ou de leurs urgences. Il existe des dizaines de comités de défense des hôpitaux de proximité en France. Certains arrivent même à renforcer l'accès aux soins, en participant à la création de centres de santé.

La crise de la Covid-19 a pourtant démontré de façon très claire que l'augmentation ponctuelle des ressources et des moyens ne peut en aucune manière se substituer au traitement de dysfonctionnements structurels constatés depuis longtemps. Poser des jalons lors du Ségur de la Santé était possible, des problèmes de fonds demeurant comme l'attractivité du métier et la difficulté à recruter suite aux nombreux postes vacants créés ou faisant suite aux multiples démissions ou désengagements. Dans les hôpitaux, un lit sur cinq est fermé faute de soignants, au moins 20 % des lits disponibles « *malgré un recours important et en augmentation aux heures supplémentaires et à l'intérim* », selon l'avis du Conseil scientifique du 5 octobre 2021. La situation est critique partout en France. Mal-être, démotivation, démissions… Les causes ne sont pas nouvelles, mais ont été fortement accentuées par la crise sanitaire. Des difficultés de recrutement se font enfin particulièrement ressentir, les nouvelles embauches ne suffisant pas à compenser les besoins. « *Entre 2018 et 2021, un peu plus d'un millier d'étudiants infirmiers en formation ont démissionné avant la fin de leurs études (...) une enquête sera lancée pour qu'on en comprenne les raisons* », annonçait le ministre de la Santé dans un entretien à Libération à l'époque. La réponse du gouvernement à la détresse de l'hôpital public : une enquête ! Il est d'ailleurs fort probable que ce manque d'effectifs de personnel hospitalier ait grandement contribué au choix des instances dirigeantes en faveur du second confinement. Car le ministère de la Santé prévoyait mi-juillet 2021 le recrutement de 24000 infirmiers, 10500 aides-soignants, nécessitant un effort de long terme. « *Bientôt trois ans que les Collectif Inter-Hôpitaux, Collectif Inter-Urgences, Notre hôpital c'est vous, alertent le gouvernement sur la situation dramatique de l'hôpital public pour obtenir des réponses du président de la République et du gouvernement et la réponse du gouvernement à l'hôpital public : une enquête !! Une enquête qui ne sera qu'une bataille de chiffres pour occulter la triste réalité que personne ne veut voir : l'hôpital meurt. Incompréhensible que nos collectifs ne soient pas entendus »...*, répondait en retour le Collectif Inter-Hôpitaux dans un post sur Facebook. À noter que le Conseil constitutionnel a rejeté le 6 août 2021 un projet de référendum d'initiative partagée sur « l'accès universel à un service public de qualité » porté par l'association « Notre hôpital, c'est vous » qui regroupe collectifs de soignants et ONG caritatives. Le texte affichait pour objectif principal d'augmenter les moyens des hôpitaux, en particulier en termes de lits et de soignants.

La crise hospitalière est, très visiblement, une crise de management qui s'attache à éloigner la décision du terrain. La modernité exige l'inverse, à savoir, de réduire les lignes hiérarchiques. La bureaucratie autoalimentée est génératrice de gâchis et de perte de temps des professionnels de santé ainsi que de coûts indus. Les témoignages et les mouvements collectifs attestent de l'usure globale de l'institution. La pandémie, on pourrait même parler d'endémie puisque le virus n'est pas saisonnier, n'étant pas derrière nous ~~et~~ le virus étant là pour rester et réapparaître régulièrement avec son corollaire de nouveaux variants et sous-variants, il s'agirait enfin de savoir si le gouvernement, va réussir à mettre en place une stratégie efficace et apporter enfin des réponses adaptées au lieu d'afficher des numéros verts ou de lancer des enquêtes… Rien n'est moins sûr ! La faute à l'incurie administrative et à la multiplication des intervenants de la haute fonction publique qui paralysent tout le système. Ces hauts fonctionnaires sont issus de l'ENA, de l'École polytechnique, de l'École nationale de la magistrature, de l'École des hautes études en santé publique ou de l'Institut national des hautes études territoriales. Ils restent en place, malgré les alternances politiques. Ils sont inamovibles ou promus à de plus hautes sphères s'ils dérangent. Ils constituent la colonne vertébrale de l'État profond et ont davantage de pouvoir que les membres des cabinets ministériels, car ils sont les *Inamovibles de la République*. Même s'ils le voulaient, les ministres auraient du mal à contrecarrer leur vision. En ces temps de pandémie, c'est aussi une des raisons de la faillite de l'État qui a été incapable de prendre les bonnes décisions. Dans l'intérêt de leur carrière, mais aussi de leurs patients, beaucoup d'hospitaliers sont obligés de courber l'échine. Ce mal a contaminé toute la chaîne des Sociétés savantes et la Conférence des doyens comme en témoigne la fausse réforme des études de médecine avec le maintien du *numerus clausus* à la fin du deuxième cycle dans les spécialités mises au choix de l'Internat. À terme, le chantier de refondation de l'hôpital et plus largement de l'écosystème sanitaire français est devant nous pour éviter la dégradation lente et réelle de la situation sanitaire du pays. À ce titre, l'OCDE (Organisation de coopération et de développement économique) a récemment noté un ralentissement de la progression de l'espérance de vie particulièrement marqué en France. Tout reste donc à faire et à reconstruire. Mais…1440 agences de l'État emploient près de 450 000 personnes et coûtent chaque année plus de 50 milliards d'euros. La santé, avec en particulier, les ARS en fait partie. Ces agences, sont un empilement bureaucratique d'acronymes barbares qui se multiplient et vont à l'inverse du but qui devrait être la recherche de la sécurité. Elles n'ont pas de stratégie, analysent et publient des rapports sans que des décisions soient prises. « Responsables, mais pas coupables ! ». Le système de soin public français est donc très probablement sur le point de s'effondrer ou est déjà en cours d'effondrement. Les raisons en sont multiples et s'étalent sur plusieurs décennies de gabegie, de décisions souvent sans courage et plus ou moins minables.

Le 6 janvier 2023, le président de la République a dévoilé son nouveau Plan santé du quinquennat lors de ses vœux au personnel soignant. Pour ce qui est de l'hôpital public, il a annoncé la sortie pure et simple de la très contestée tarification à l'activité (T2A) dès le prochain budget de la Sécurité sociale, au profit d'un financement « *sur objectifs de santé publique* » négociés à « *l'échelle du territoire* » ainsi qu'un nouveau mode de direction des hôpitaux *« tandem administratif et médical »*. Plus d'infirmiers à l'hôpital, en augmentant les places ouvertes aux concours d'infirmiers pour faciliter le recrutement à l'hôpital, sont aussi prévus . Il entend également réorganiser le travail à l'hôpital et le rendre plus attractif par une meilleure planification du temps de travail et donc la fin des 35 heures dans les établissements hospitaliers. Le lendemain, soit le 7/01/2023, le ministre de la Santé, François Braun, déclarait sur le plateau de France Info « *qu'il n'avait jamais été question de dire qu'on supprime les 35 heures (…), mais qu'on rende de la souplesse à ce mode de fonctionnement »*. Si la Fédération hospitalière de France (FHF) a approuvé, déçus, une dizaine de syndicats et de collectifs via « Le Printemps du service public » ont annoncé le 9 janvier suivant, un mouvement d'actions communes pour dénoncer l'absence de réforme de grande ampleur et notamment de moyens pour sauver l'hôpital public. Ils estiment que les grandes lignes de la feuille de route du nouveau quinquennat de Macron ne permettront pas d'attirer ou de retenir les soignants à l'hôpital public et que tant qu'il n'y aura pas plus d'infirmières et de médecins, rien ne sera résolu. Ils réclament également, en urgence, l'arrêt des fermetures de lits prévues dans les projets de restructuration et demandent la réouverture de lits là où c'est nécessaire...Un autre point porte sur le recrutement immédiat de dizaines de milliers de professionnels de santé. Ils souhaitent un plan de formations pluridisciplinaires et que des moyens soient déployés pour ouvrir immédiatement des places dans les écoles et les facultés pour les professions soignantes. Échaudés par la réforme progressive et sans fin de la T2A, déjà évoquée lors du premier quinquennat, ils désirent un financement pérenne et adapté aux besoins de soins et l'abandon de la T2A pour la prise en charge des maladies chroniques. Ils veulent également que le financement de l'hôpital sorte de la politique d'économie imposée par l'ONDAM pour être adapté à l'embauche de personnel soignant, soulignant d'autre part qu'aucune mesure n'avait été prévue pour améliorer l'accueil de la population et leurs conditions de travail. Les organisations réclament également, en urgence, une rémunération à la hauteur de l'engagement du personnel soignant en considérant la pénibilité du travail de nuit et de week-end, tout en rappelant l'importance de garantir un égal accès aux soins à tous sur tout le territoire et un libre accès en trente minutes à un service d'urgence...

Nous sommes donc loin d'être sortis de la panade...

## 18. Recherche et innovation : ce n'est pas gagné !

Si la crise sanitaire a mis en évidence plusieurs insuffisances du secteur de la santé en France. La recherche d'un vaccin a aussi montré que le pays de Pasteur peine à exister dans cette course à l'innovation. En termes d'approvisionnement, en particulier de principes actifs, cette crise a bien démontré la grande dépendance de la France à la Chine. La pandémie de Covid-19 est survenue dans le contexte d'un recul important depuis dix ans de la place de la recherche en biologie santé dans le système de recherche français. En 2008, le montant du budget recherche et développement (R&D) alloué par l'État à ce secteur était de 3,18 milliards d'euros (en euros constants 2019) et il a décru de près de 25 % entre 2008 et 2019. La part consacrée à la recherche en biologie santé, déjà faible, a chuté ces trois dernières années à moins de 18 %. Ce constat contraste avec celui fait dans plusieurs pays voisins qui consacrent 35 à 40 % de leur budget recherche et jusqu'à 50 % pour le Royaume-Uni, à la recherche en biologie santé. Il s'inscrit par ailleurs dans un contexte de financement de la recherche qui est inférieur en France (2,19 % du PIB) à celui des pays environnants, en particulier en Allemagne (3,02 % d'un PIB déjà supérieur de 30 % à celui de la France). La crise sanitaire a bien souligné ce décrochage de la France par rapport à ses partenaires en innovation pharmaceutique ainsi que le manque d'investissements publics et privés dans la R&D et les conséquences dramatiques du sous-investissement dans la recherche fondamentale. La défaillance en matière de mise au point et de production de vaccins se situe toutefois, plus au niveau de la R&D privée, particulièrement celle de l'industriel Sanofi et n'a pas été compensée par la recherche publique. Les coupes budgétaires tombent le plus souvent sur des projets patiemment développés. Le 4 mars 2020, le chercheur du CNRS Bruno Canard, spécialiste en réplication des virus à ARN, comme le coronavirus, expliquait dans une tribune que « *Dès 2006, l'intérêt des politiques pour le SRAS-CoV avait disparu; on ignorait s'il allait revenir. (...) Désormais quand un virus émerge, on demande aux chercheurs de se mobiliser en urgence et de trouver une solution pour le lendemain (...)* ». Ce chercheur a beau clamer que la « *recherche fondamentale sérieuse, indépendante, réfléchie, collégiale est notre meilleure assurance contre beaucoup de fléaux* », il ne peut que constater que certaines branches de la virologie et de la bactériologie dans le registre Covid restent des parents pauvres de la recherche, qu'il s'agisse de recherche pharmaceutique appliquée ou de microbiologie fondamentale. Malheureusement, après le coronavirus responsable du syndrome respiratoire du Moyen-Orient (MERS) en 2015 et le SRAS de 2003 apparu en Chine, pour que les gouvernements aient de la mémoire, il faut manifestement que les traumatismes soient forts et répétés et même l'amnésie l'emportera encore.

L'industrie pharmaceutique a dû faire face ces dernières années, à des changements majeurs en passant de l'industrie chimique à des technologies fondées sur les biotechnologies et la génomique. La découverte de médicaments a évolué en passant d'une sélection aléatoire de produits chimiques dans une banque de molécules, à une conception reposant sur la compréhension d'un processus biologique. Les traitements traditionnels à « petite molécule » sont relativement faciles à fabriquer par synthèse chimique. Mais les médicaments issus des biotechnologies dont la plupart des vaccins extraits, semi-synthétisés ou fabriqués dans des organismes vivants, sont beaucoup plus difficiles à mettre en œuvre. Une conséquence majeure de ce changement est le passage de médicaments à large public (*blockbusters)* à des médicaments complexes, technologiques et destinés à des marchés réduits (*nichebusters*). Par ricochet, ce changement technologique a fait évoluer l'organisation de l'innovation pharmaceutique et son financement. En premier lieu, l'innovation repose désormais beaucoup plus largement sur la recherche universitaire et sur les *spin-off* universitaires. Les biotechnologies ont entraîné un besoin croissant et très évolutif de connaissances et de savoir-faire nouveaux, le plus souvent développés au sein des laboratoires académiques. On trouve à l'origine de bon nombre d'avancées récentes, des start-up créées à proximité des centres de recherche fondamentale. C'est ainsi que l'entreprise BioNTech, créatrice du vaccin Pfizer, a été fondée par trois chercheurs en Allemagne en 2008, et s'est étendue en menant des développements de pointe en immunothérapie. Elle continue de se développer près des centres de recherche et hôpitaux universitaires en Allemagne et aux États-Unis. De la même façon, pour l'entreprise Moderna dirigée par un ingénieur français, mais qui a été fondée par un biologiste du *Boston Childrens Hospital* pour commercialiser ses recherches sur les cellules-souches. Ces petites organisations sont spécialisées dans la recherche et la découverte de médicaments et s'appuient généralement par la suite, sur de grandes multinationales pour gérer le développement et la commercialisation de leurs produits. Les accords de licence, les partenariats ou les investissements de capital-risque des grandes entreprises fournissent effectivement un financement essentiel. En même temps, le financement des recherches nécessite un mode adapté au risque encouru. Contrairement aux Big Pharma, les petites entreprises : biotechs et PME ne peuvent pas diversifier les risques sur un grand nombre de projets, malgré cela elles ne bénéficient pas nécessairement d'un soutien public plus important.

L'innovation ne se résume pas en un investissement en R&D : c'est tout un processus qui se déroule en plusieurs étapes. La première est celle de la recherche fondamentale pas nécessairement brevetable et essentiellement menée dans les laboratoires académiques et les universités par des chercheurs et n'est pas génératrice de profits. Le plus souvent, la recherche fondamentale est le fait de chercheurs appartenant à l'Université ou aux grands organismes publics. Leurs découvertes sont partagées lors de colloques internationaux et diffusées dans des publications par des revues scientifiques spécialisées après une revue par les pairs, au sein de comités de lecture, condition *sine et qua non* de leur validation par la communauté scientifique. La recherche académique présente une triple caractéristique : elle est souvent peu onéreuse, elle laisse le chercheur libre d'organiser son agenda de recherche et elle le laisse également disposer de sa liberté académique pour échanger des idées avec d'autres chercheurs, liberté essentielle à la diversité et à la diffusion des idées nouvelles et au final, à l'innovation. Bien qu'elle soit moins onéreuse, elle nécessite toutefois des moyens non négligeables, car, compte tenu de la complexité croissante des technologies utilisées, plus ils sont importants, plus les effets positifs sur l'innovation seront grands. Viennent ensuite les étapes de la recherche appliquée et du développement, davantage menés au sein des entreprises. La recherche fondamentale est particulièrement tâtonnante et incertaine, mais il est indispensable que les chercheurs disposent d'une autonomie et de moyens suffisants pour poursuivre leurs travaux à un stade où le potentiel de commercialisation des recherches est très incertain. Cela confère un rôle essentiel aux financements publics, spécifiquement pour les laboratoires de recherche et les universités. En France, au cours de la dernière décennie, les montants ont diminué de 28 % (chiffres de l'OCDE exprimés en dollars des États-Unis qui, après conversion du taux de change, sont réduits à 13,5 % en euros, ce qui reste une baisse importante). Il faut ajouter la difficulté d'identifier les budgets alloués à la biologie santé, notamment en raison des changements d'affectation des crédits entre les différentes lignes possibles, mais l'évolution de la part du budget recherche dévolu à la biologie santé montre un décrochage très brutal en 2017 en passant de 22,1 % en 2016 à 18,7 % en 2017. Cette insuffisance de moyens produit des effets néfastes en termes d'attractivité de la profession de chercheur : le salaire moyen de début de carrière en France s'établissant seulement à 63 % du salaire moyen des pays de l'OCDE. Au-delà de la faiblesse de financements, un autre problème français réside dans la faible coopération entre les universités et les industries. Effectivement, la distinction entre recherche fondamentale et appliquée et leur répartition entre universités et entreprises, ne sont, l'une comme l'autre, pas tranchées dans la réalité. À l'inverse, un facteur encourageant de l'innovation réside dans la capacité de tisser et renforcer les liens entre recherche fondamentale et appliquée d'une part, et universités et entreprises, d'autre part. Ces liens facilitent la transformation de la recherche fondamentale en recherche appliquée et de fait, facilitent la transformation des découvertes en produits commercialisés. Les pays les plus novateurs, Suisse et États-Unis, sont dans les premières places, la France en mauvaise position.

La deuxième étape, celle de la recherche appliquée et du développement, fait intervenir deux enjeux majeurs. En premier lieu, il s'agit de favoriser le passage de la recherche fondamentale à la recherche appliquée autrement dit, faciliter les interactions entre universités et entreprises. Le deuxième enjeu est d'organiser le financement dans un contexte où les coûts initiaux, la durée et les risques d'échec sur le développement de nouveaux produits augmentent continuellement. Si les grandes entreprises ont des capacités de financement importantes, elles ne disposent pas des capacités ou de compétences internes suffisantes pour investir dans tous les « candidats médicaments » potentiellement rentables. Cela nécessite pour elles, de limiter leurs risques en pariant sur un nombre élevé de start-up : jeunes entreprises innovantes sans modèle d'affaire défini, ou en collaborant avec des entreprises plus lestes, à l'image des biotechs, qui elles, ont un modèle d'affaires défini, existent depuis plus longtemps ou sont cotées au NASDAQ ou NYSE, comme BioNTech. Ces petites entreprises sont souvent financées par des fonds de capital-risque qui achètent des parts dans l'espoir d'un gain ultérieur lors de la revente. Mais attention ! Si l'externalisation de la recherche des grands groupes vers une multitude de start-up entre lesquelles la concurrence est forte, les grandes entreprises peuvent être en situation de veille technologique et peuvent attendre de sélectionner de jeunes entreprises innovantes afin de s'associer avec elles. Toutefois, il y a des tentations possibles pour de grandes entreprises d'acquérir une start-up pour tuer dans l'œuf une innovation qui menacerait leur production, d'où le nom « d'acquisition tueuse ». Lorsque les acquisitions portent sur des projets associés à des classes de produits similaires, 5 à 7 % des acquisitions de start-up peuvent être considérées comme des acquisitions tueuses. La particularité du développement dans le secteur biopharmaceutique par rapport à d'autres secteurs industriels est un besoin en capital initial très élevé sur une longue durée - 10/15 ans - ainsi qu'une probabilité plus faible de succès. Cela aboutit à un déficit structurel de financement dans le secteur. Ce constat perdure malgré l'expansion du capital-risque et le développement d'écosystèmes de start-up dans les secteurs innovants comme les biotechnologies. Mais comme ces petites entreprises ne peuvent pas diversifier leurs risques sur un grand nombre de projets, elles doivent donc bénéficier d'un soutien public plus important. La meilleure façon de mesurer la position de la France dans le paysage de l'innovation pharmaceutique consiste à étudier la performance de son écosystème d'innovation. Une difficulté dans la phase de R&D des start-up réside dans le financement. Si elles font appel au capital-risque pour financer leur développement, elles ne font généralement pas de profits et leur survie dépend de la rapidité avec laquelle elles vont pouvoir se développer. Comme l'activité de recherche a besoin de financements importants sur une longue durée – entre cinq et dix ans -

garantir des financements pérennes n'est pas toujours aisé. Le financement public de la phase d'amorçage en France est très important et efficace, qu'il vienne de l'État, des collectivités locales ou de la Banque publique d'investissement (BPI France) qui a financé 500 entreprises de biotechnologies en 2015 pour un montant de 206 millions d'euros. De même, les start-up disposent de structure de valorisation, telles que INSERM-Transfert ou encore des Sociétés d'accélération du transfert de biotechnologies (SATT). *En revanche, les financements sont chroniquement insuffisants sur la durée de vie des start-up* et rendent la croissance des entreprises difficiles. En 2019, France-Biotech a calculé que 72 % des biotechs sont en recherche de fonds et qu'un tiers de leur temps est consacré à cela. Si la France a donc de très bonnes capacités de préamorçage ou d'amorçage, elle peine lourdement à accompagner la maturation des entreprises. Aucun fonds d'investissement ne serait en mesure de soutenir un investissement supérieur à 500 millions d'euros en France. Ainsi, le secteur biotech français reste en retrait de ses homologues européens, que ce soit en nombre de start-up financées ou en montants alloués. La part des biotechs françaises dans le paysage européen est en diminution, ce qui s'explique notamment par le manque de financements nationaux. Pour améliorer la position de la France dans ce paysage, il est essentiel de soutenir davantage la recherche fondamentale qui est la condition première de l'existence de l'innovation, de même qu'il est important d'encourager les échanges entre la recherche fondamentale conduite par les académiques et la recherche appliquée conduite par les entreprises. À cela, s'ajoute la difficulté des PME à grandir en taille et en marché, une fois leur produit développé. Ces facteurs favorisent les grandes entreprises bien pourvues en trésorerie au détriment des petites et moyennes entreprises, jeunes ou bien établies qui sont pourtant les plus innovantes en ce moment. Si la France a rattrapé son retard dans la création de start-up en santé, *celles-ci nécessitent néanmoins que leur soit garantie la possibilité de détenir à terme la propriété intellectuelle de la découverte qu'elles comptent exploiter*, qu'elle soit issue de la recherche publique ou privée. C'est à cette condition que les start-up seront en capacité d'attirer les investisseurs disposant de la surface financière suffisante pour accompagner leur maturation dans le cadre de développements cliniques de phase 2 ou 3.

Effectivement, dès qu'un candidat médicament prometteur est identifié, des demandes de brevets sont déposées après une étape préclinique « in vitro » et en expérimentation animale puis les « candidats médicaments » sont testés en trois phases d'essais cliniques sur l'homme, le coût augmentant à chaque phase. La probabilité moyenne d'atteindre le marché pour un projet au stade préclinique est inférieure à 5 % pour la plupart des molécules. En moyenne, parmi 10000 molécules ciblées, seules 100 sont testées et ne donnent ensuite naissance qu'à dix « candidats médicaments », dont seulement un atteindra finalement le marché. Longtemps à la pointe de l'innovation dans le secteur des vaccins notamment, la France ne parvient pas à trouver une place dans ce système en pleine mutation. Qu'il s'agisse des brevets pharmaceutiques ou des vaccins, le constat est le même : la France a cumulé beaucoup de retard entre le milieu des années 1990 et celui des années 2000. Même si celui-ci a légèrement diminué, elle se situe loin encore de la frontière technologique. Le nombre de demandeurs de brevets français en biotechnologie a toutefois augmenté de 12 % entre 2018 et 2019. Il reste à voir si ces effets se traduiront par des produits innovants.

L'outil principal de protection de l'innovation est donc le brevet qui permet à l'inventeur de commercialiser son produit sans concurrence pendant une durée déterminée et lui assure de récupérer ses coûts de R&D. Ils facilitent également le financement et l'octroi de licences, essentiels dans l'écosystème actuel qui implique une collaboration entre différentes parties. Ils peuvent aussi être utilisés pour s'assurer des prêts et constituent un actif que les investisseurs en capital-risque peuvent valoriser. Les brevets permettent également aux entreprises de passer des contrats sur les connaissances et les idées contenues dans un « candidat médicament » en permettent leur divulgation. En ce moment, les brevets assurent à l'innovateur un monopole d'une durée de vingt ans sur leur produit. Mais ces années ne correspondent pas toujours à l'exploitation commerciale du produit, car elles incluent la période des tests et des essais cliniques et en cas de succès, le processus administratif de mise sur le marché. Ce qui réduit parfois la durée de commercialisation sous brevet de cinq à dix ans. Dans l'optique de préservation de l'innovation, il faudrait trouver un équilibre entre une durée suffisamment longue pour inciter les développeurs à investir dans de nouveaux produits en amortissant leur développement et une durée suffisamment courte pour qu'une fois le produit commercialisé des concurrents, les génériqueurs en l'occurrence, puissent entrer sur le marché, faire baisser les prix et ainsi inciter les concepteurs à se tourner vers la recherche et le développement de nouveaux produits.

Des chercheurs ont mis en évidence dans le cadre de la recherche contre le cancer, un sous-investissement dans les projets à long terme justement parce que la rentabilité de l'exploitation sous-brevet serait réduite. Dans l'optique de préserver les incitations, l'UE permet une extension de cinq ans maximum d'un brevet pharmaceutique par un certificat complémentaire de protection, ainsi qu'une période d'exclusivité de dix ans à partir de la date de la première AMM (Autorisation de mise sur le Marché) dans un pays donné de l'UE. Pendant cette période, aucun générique ne peut être commercialisé. Mais les conditions de protection des brevets et d'exclusivité des données sont appliquées uniformément à toutes les nouvelles entités chimiques ou biologiques, quelle que soit leur valeur thérapeutique et ces extensions ont des conséquences imprévues qui découragent aussi l'innovation. Même si le nombre de traitements visant les maladies orphelines a considérablement augmenté, certains traitements sont des médicaments reconvertis, initialement développés pour traiter d'autres affections. Dans d'autres cas, le développeur utilise une définition très étroite de la maladie afin de qualifier son produit de médicament orphelin pour bénéficier de la protection étendue réservée à ce type de produit et en étend ensuite l'utilisation à d'autres maladies non-orphelines. Autre défaut important de ce mécanisme : le brevet couvre sans distinction les percées importantes et les nouveautés marginales et toutes bénéficient de la même durée de protection, alors que certaines d'entre elles contribuent bien plus que d'autres à l'innovation médicale. Toutes ces limites : insuffisances, effets d'aubaine, conduisent à la conclusion que des mécanismes alternatifs de l'incitation de l'innovation seraient plus appropriés dans certaines circonstances en tenant mieux compte du degré d'innovation des médicaments. Cela, en mettant en place des actions afin d'encourager l'investissement dans le traitement de pathologies ayant une valeur sociale élevée via des appels d'offres avec engagement de marché à terme. Il s'agirait donc au niveau européen de permettre l'élaboration de contrats dont la durée de l'exclusivité commerciale varierait en fonction du degré d'innovation.

Les essais cliniques, quant à eux, sont cruciaux pour le processus d'innovation dans la mesure où ils présentent un certain nombre d'avantages pour les pays dans lesquels ils sont réalisés. En premier lieu, ils permettent à certains patients d'accéder rapidement à de nouvelles thérapies. Ensuite, ils permettent aux médecins d'acquérir de l'expérience dans l'administration de ces traitements. Ils créent de surcroît des retombées en matière de connaissances, et enfin les données générées sur les patients locaux sont très précieuses pour comprendre l'intérêt des nouvelles thérapies sur la population locale. Toutefois, on constate une faiblesse de l'environnement français dans ce domaine. Si la France accueille un grand nombre d'essais cliniques (notamment sur la Covid-19 actuellement) et si elle se distingue parfois par un niveau d'excellence (recherche en oncologie) de trop nombreux essais ont des normes scientifiques faibles, notamment parce qu'ils sont beaucoup plus souvent aléatoires (non randomisés) en France alors qu'ils ne le sont pas dans d'autres pays. Ce type d'essais ne peut aboutir à une preuve de lien de causalité entre la prise du médicament et l'état de santé évoqué. Un cas emblématique est celui de l'essai clinique de Didier Raoult sur l'*hydroxychloroquine* pour le traitement du Covid-19. Or, ces essais à faible niveau de preuve sont en grande majorité financés par des fonds publics. Effectivement, la démonstration d'un effet thérapeutique passe par des essais à méthodologie robuste, nécessitant notamment une randomisation, ou affectation aléatoire des patients de l'étude entre le groupe de traitement, celui qui reçoit la dose de médicament testé et le groupe contrôle qui lui, reçoit un placebo ou *le standard of care*, soit un traitement déjà utilisé pour traiter la maladie en question. La robustesse est encore améliorée lorsque l'expérience est dite en aveugle, voire en double-aveugle. Il s'agit dans ce cas de ne pas informer le participant voire le prescripteur, s'il reçoit le médicament testé ou le contrôle. L'industrie doit, elle, fournir un niveau de preuve élevé pour que l'EMA (Agence européenne du médicament) approuve ses produits. La grande majorité des essais qu'elle finance sont donc conformes aux normes élevées de preuves scientifiques. Or, en France, une large partie des essais proviennent de financements publics et ne sont pas financés par une entreprise ayant pour objectif final de commercialiser un médicament dont elle doit prouver l'efficacité. La rigueur des essais est alors plus variable, une grande partie des financements publics en France sont consacrés à des essais interventionnels, moins rigoureux, car non randomisés. Ces tendances suggèrent qu'au-delà des normes, le financement public de la recherche souffre d'un problème de mauvaise allocation, ce qui suggère une moindre efficacité de l'argent public dépensé dans la recherche de nouveaux médicaments. Malgré cela, on mène en France, un nombre important d'essais de bonne qualité et elle pourrait se positionner en leader européen des essais cliniques si elle réservait les financements publics aux essais cliniques avec des scores élevés de preuves et procédait à une allocation plus rigoureuse des financements publics.

Si la France reste un des principaux producteurs de médicaments en Europe, nous ne consommons pratiquement pas de médicaments locaux. Dans toutes les classes de médicaments consommés, l'écrasante majorité provient de l'étranger, sauf dans les cas de médicaments non remboursés à SMR faible (service médical rendu), donc peu innovants. Si cela ne constitue pas vraiment un enjeu pour ce qui est des génériques, cela est plus alarmant pour les classes stratégiques issues de la biotechnologie ou pour les vaccins. Alors qu'elle en était la première productrice de 1995 à 2008, la France est encore une fois en déclin dans cette phase. En premier lieu, parce que l'essentiel de la production des médicaments chimiques se fait dorénavant dans les pays producteurs à bas coût, tels que la Chine et l'Inde. Ce phénomène est dû au désengagement de l'industrie de la production, dans le but de réduire ses coûts de production. Ensuite, la France n'a pas pris le virage de la production de médicaments innovants. L'outil de production français est toujours dédié à 80 % aux médicaments d'origine chimique. Les médicaments chimiques dont le brevet a expiré représentent 49 % des emplois de production en France. La cause de la sous-production de thérapies innovantes réside encore une fois dans un trop faible investissement productif. La France connaît donc un déclin dans la production de médicaments, ne se concentrant que sur des molécules chimiques anciennes au lieu de biomédicaments. Elle est dépendante et vulnérable à la production étrangère pour l'essentiel de sa consommation.

Production et exportation étant très liées, la baisse des exportations françaises est en partie liée à une baisse de sa production. Sur les 315 médicaments autorisés par l'EMA en Europe entre 2016 et 2019, seulement 25 sont produits en France contre 56 au Royaume-Uni et en Allemagne, 46 en Irlande et 28 en Italie. Dans les faits, la diversification des sources de médicaments au-delà de la chimie a permis une accélération et des bouleversements dans l'industrie ces dernières années avec l'arrivée des biotechnologies. Ces changements peinent à émerger en France où la recherche en amont est sous-investie, impliquant que la production en aval reste centrée sur d'anciennes molécules de faible valeur ajoutée et subissant la concurrence des pays exportateurs à bas coût. Il en résulte que dans la majeure partie des paramètres observés, la France est en perte de vitesse dans tous les secteurs. Pourtant, le secteur des biotechs y est dynamique, avec la création d'une soixantaine d'entreprises chaque année. Cependant, peu d'entreprises arrivent à mobiliser les fonds nécessaires à des essais de phase 3 et la majeure partie peine à franchir un « plafond de verre ». Il est urgent de soutenir une véritable culture du risque dans l'investissement santé. Le secteur des bioproductions ne représentant que 32 sites sur 271 sites de production en France et 8500 emplois, pour une production consacrée par ailleurs à 60 % à celle de vaccins. Sur ce constat, les acteurs de la filière ont adopté en décembre 2020 un plan d'action visant à faire de la France le leader européen de la bioproduction à l'horizon 2030. Une structure de pilotage scientifique et industriel «l'Alliance France bioproduction », a ainsi été constituée afin de structurer les actions du développement de la filière avec l'objectif de porter en dix ans la part des produits biologiques approuvés par l'EMA et fabriqués en France de 5 à 20 %.

Trois milliards d'euros pour combler le retard en matière d'innovation santé, annonçait Macron en octobre 2021 dans le « plan d'investissement France 2030 » avec pour priorité de créer les dispositifs médicaux de demain en France. Rappelant le retard sur les biotechs de l'Hexagone, comparé à leur essor en Grande-Bretagne, il veut faire naître sur le territoire via les laboratoires et la recherche pharmaceutique *« 20 biomédicaments d'ici à 2030, contre les cancers, les maladies émergentes et les maladies chroniques liées à l'âge (...) pour une médecine plus prédictive, plus innovante et avec un tissu productif davantage en France ».* Pour cela, 7,5 milliards d'euros seront investis par l'État, comprenant notamment les annonces déjà faites en juin, dans le Plan santé 2030. À surveiller... car, dans les faits, comme une bonne partie de l'industrie nationale, le secteur pharmaceutique souffre surtout de problèmes internes à la France, plus que d'une concurrence mondiale acharnée. Avec le laboratoire Roche, la Suisse se positionne au premier rang mondial des exportations et est la première entreprise pharmaceutique mondiale. Derrière Roche, c'est tout un réseau de PME qui travaillent et produisent dans le domaine du médicament. La récente délocalisation de l'usine de macarons Ladurée de l'Essonne vers la Suisse démontre que la concurrence n'est pas essentiellement celle des pays à bas coût de production, mais nos voisins européens qui ont moins de contraintes fiscales, réglementaires et sociales. Le développement de notre industrie ne peut se faire sans revoir en profondeur l'ensemble de notre modèle social, coûteux et fragile qui pénalise le développement économique et technologique. *Dans les faits, les difficultés de l'industrie du médicament illustrent celles de l'ensemble du monde industriel français.*

La pandémie de Covid-19 aura donc été le révélateur de nos faiblesses en recherche biomédicale. La France est devenue une puissance moyenne dans le domaine de la recherche scientifique en général et de l'innovation en passant en 15 ans de 4,5 % des publications mondiales à 3 %, reculant de la 6e à la 9e place, encadrée par l'Italie et le Canada. La recherche médicale a reculé dans les mêmes proportions, même s'il y a une grande disparité suivant les disciplines. Plus inquiétant en ce qui concerne l'innovation dans le domaine santé-médecine, la France n'est classée qu'en 16e position en 2019 pour l'indice global et à cette même médiocre place pour sa réponse en 2020 au Covid-19. La pandémie a été un puissant révélateur de l'état inquiétant de la dispersion des moyens et de la complexité de l'organisation, du fonctionnement et du financement de la recherche en général, mais plus particulièrement de celle en biologie santé. Elle a mis en évidence l'absence en France d'une « structure de crise sanitaire » capable de répondre à des problématiques dites « NBC » (Nucléaires/Biologiques /Chimiques) et pouvant réagir rapidement et conseiller efficacement le pouvoir politique. Le tintamarre des appels à projets de recherche et la multiplication anarchique du nombre d'essais cliniques engagés sans stratégie globale le démontrent. Ces études presque aussi nombreuses qu'aux USA ou en Grande-Bretagne et Allemagne réunies, n'avaient aucune chance d'aboutir à des conclusions fiables en raison de leur dispersion et du nombre trop restreint de patients. Les causes de cet échec sont connues : insuffisance de coordination, sous-financement et émiettement des structures publiques qui ne fait que s'accroître depuis plus d'une vingtaine d'années, chaque maladie conduisant à créer en réaction une agence ou une structure autonome spécialisée. Une faiblesse du système de soutien à la recherche clinique est trop souvent mentionnée ainsi que celle de la méthode d'attribution des crédits. Plusieurs budgets de financement contribuent au domaine de la biologie santé, venant en particulier du ministère de la Santé, du ministère de la Recherche et, pour une part, probablement modeste du ministère des Affaires étrangères. Leur éclatement met en lumière une forme de complexité qui est une difficulté supplémentaire de l'exercice de recherche en biologie santé en France. En fait, pour s'y retrouver dans le financement de la recherche en santé et biologie, il faudrait décrypter budgets principaux, budgets annexes, budgets des organismes, fondations et autres programmes d'investissement d'avenir (PIA) ou encore donations nationales ou internationales ponctuelles et récurrentes : un vrai jeu de piste… Une chose est sûre, le décrochage est là. Fort de ce constat, l'État a annoncé en juin 2021 un plan d'investissement dans le domaine de la santé de huit milliards d'euros, dont quatre milliards de financement public et autant de financement privé. Le but annoncé : favoriser l'innovation et faire de la France un leader européen de la santé à l'horizon 2030. À voir… Les fonds publics devraient provenir principalement du programme d'investissement d'avenir (PIA), auquel s'ajouteront des crédits européens. Conscient qu'on a « *un système qui est moins efficace qu'il ne devrait l'être : manque d'investissement, trop de divisions, trop de lenteurs et des corporatismes* », le plan annoncé vise notamment « *à accélérer la recherche via deux milliards d'euros d'investissements publics dans trois domaines clés* », a allégué Macron.

- 800 millions d'euros de crédits publics, complétés par deux milliards de fonds privés, devraient être engagés dans les biothérapies pour lesquelles la France dépend à 90 % des importations avec pour objectifs de produire au moins cinq nouveaux biomédicaments et doubler le nombre d'emplois dans le secteur,

- 650 millions d'euros seront dévolus à la santé numérique plus 1,5 milliard de fonds privés,

- 750 millions d'euros devraient abonder les crédits de recherche consacrés aux maladies émergentes et infectieuses.

L'État va également allouer 400 millions d'euros pour les programmes prioritaires de recherche, 300 millions d'euros aux infrastructures de recherche (banque de données, cohortes...) et 600 millions d'euros pour créer des « *clusters* » : sites intégrant recherche, soins, acteurs privés et valorisation industrielle des découvertes. Le plan mentionne en plus vouloir attirer et faire revenir en France les chercheurs les plus prometteurs : « *quinze à vingt talents bénéficieront de subventions de trois à cinq millions d'euros* », a précisé Macron… De plus, des start-up et des PME pourront profiter d'une enveloppe d'un milliard d'euros en prêts et subventions provenant de la BPI (Banque publique d'investissement) qui fournira un autre milliard pour l'investissement…

« *Un effort budgétaire certes, surtout un risque de complexification accru de l'organisation de la recherche* », souligne en retour l'Académie de Médecine qui suggère que « *l'action budgétaire programmée dans ce plan soit à pérenniser car elle ne saurait suffire à doter la France d'une recherche forte en biologie santé. Il faudrait la repositionner dans la compétition internationale et attirer talents et investisseurs nécessaires au renforcement de ses capacités d'innovation. Faute d'une réorganisation globale du dispositif national, le paysage de la recherche en biologie santé ne fera que se complexifier par la création d'agences aux périmètres souvent redondants* ».

Pour pratiquer une politique pertinente d'innovation, l'Académie de Médecine souligne donc l'importance de simplifier l'organisation actuelle de la recherche en biologie santé ; de coordonner la politique des différents ministères couvrant la recherche et la stratégie des multiples agences et organismes nationaux en biologie santé ; d'identifier un nombre limité de Pôles de recherche hospitalo-universitaires, têtes de réseaux régionaux centrés sur les CHU disposant d'une visibilité internationale en recherche ; d'intégrer dans la gouvernance des CHU la composante universitaire de recherche, d'innovation et de formation comme dans les pays voisins . *Elle suggère aussi de soutenir la recherche d'amont dite fondamentale, souvent à l'origine des innovations disruptives, de rétablir la continuité de la recherche fondamentale jusqu'à la recherche clinique* et de mieux intégrer la recherche hospitalo-universitaire aux groupements d'innovation, et aussi de réinvestir dans les infrastructures et les équipements mi-lourds dédiés à la biologie santé. D'assurer la liberté des chercheurs pour explorer des voies de recherche innovantes hors d'un carcan administratif ne cessant de croître et d'investir dans des champs scientifiques qui à défaut d'être médiatiques sont essentiels aux stratégies de prévention sans lesquelles l'amélioration de la qualité de vie lors du vieillissement sera hors de portée et de réformer les mécanismes d'affectation des moyens de la recherche clinique par le ministère des Solidarités et de la Santé. Enfin, elle suggère de favoriser les liens public-privé en facilitant les collaborations entre recherche publique et entreprises de santé, en clarifiant les périmètres d'intervention des offices de valorisation entre le niveau local et le niveau national. Un point essentiel dans cette réforme, qui n'est pas assez souligné dans les divers rapports, est la nécessité urgente de réformer le statut des chercheurs du secteur public qui les enserre dans un carcan peu propice à l'innovation. La majorité d'entre eux a un statut de fonctionnaire titulaire qui régit leur rémunération, leur avancement, leur mobilité avec les règles de la fonction publique et les échelles de traitement similaires par exemple à celles des agents du fisc et des officiers de la Gendarmerie nationale ! Il serait urgent de les remplacer par des contrats à moyen et long terme élaborés sur mesure et caractérisés par une grande souplesse qui doit accompagner l'innovation !

Autant dire que, s'il n'y a pas une réelle prise de conscience de l'inutile et coûteux millefeuille administratif qui paralyse depuis des années notre pays dirigé par ces mêmes énarques, les solennels et pompeux discours ne serviront à rien…

## 19. Surmédiatisation : jusqu'où iront-ils ?

19000 occurrences du coronavirus dans la presse française en une seule journée ! Si la prise de conscience tardive de la part du gouvernement utilisant la peur pour transformer son incurie face à la pandémie en un problème de comportements individuels que corrigera l'action policière a souvent été pointée du doigt depuis mars 2020, il en est de même pour les médias. Jusqu'au 24 février 2020, le coronavirus est resté un sujet comme les autres. Selon une étude réalisée pour l'INA (Institut national de l'audiovisuel) pour la Revue des médias, les chaînes d'information y consacraient moins de 10 % de leur temps d'antenne jusqu'au 25 janvier et moins de 20 % jusqu'au 24 février, date de la mort du premier patient français dans l'Oise. Mais si la prise de conscience fut tardive, l'emballement qui a suivi est sans précédent. Les chiffres ne cessent de s'accentuer dans les jours suivants pour arriver à plus de 80 % du temps d'antenne des chaînes d'informations généralistes consacré à la Covid et à la mi-mars, à la quasi-totalité des journaux télévisés de 20 heures. À la lecture de l'étude de l'INA : « *Pendant les huit semaines du premier confinement -17 mars /11 mai 2020 - la part des journaux télévisés consacrée à la pandémie a atteint un record de 80,5 %. Sur la même période, nous avons établi que les chaînes d'information continue lui ont consacré 74 % de leur temps* ». Les principales chaînes ont même supprimé nombre de leurs programmes pour créer des émissions spéciales Covid, d'information ou d'interaction entre téléspectateurs et médecins. Du côté de la presse écrite, la crise a produit un nombre d'articles qui ne connaît aucune comparaison dans l'histoire récente. En peu de temps, l'épidémie de Covid-19, s'est propagée dans le monde bousculant tout. Aussi nécessaire qu'elle soit, plus dense que jamais l'information a plutôt généré un sentiment d'insécurité, d'angoisse et de saturation, pour tout le monde. Ce que beaucoup dénoncent (45 %) dans un sondage de Viavoice réalisé pour les Assisses du journalisme en 2020, c'est la couverture excessive de l'épidémie. Et aussi beaucoup de n'importe quoi, on n'arrivait plus à penser par soi-même, de plus, il suffisait d'interviewer n'importe qui portant blouse blanche et le job était fait !! Ces proportions hors norme illustrent une certaine malfaçon d'un système d'information capable deux mois durant, de mettre de côté la quasi-totalité des sujets d'actualité au profit de l'un d'entre eux, comme si la vie planétaire ne se résumait qu'à une épidémie virale. Or, la peur fait vendre, et à ce titre la Covid-19 et les confinements ont fait figure de poule aux œufs d'or. Les audiences du petit écran sont reparties à la hausse et la crise lui aura permis de redorer son image.

Cette attention pour le virus a aussi modifié les intervenants des programmes télévisés. Aux habituels experts en communication et aux éditorialistes se sont succédé médecins, biologistes, chercheurs et même des pharmaciens pour expliquer les dangers du virus, les gestes barrière. Tout était bon à prendre et parfois n'importe qui… La télévision ne cessait de perdre du temps de consommation au profit des autres outils numériques. Pendant les confinements, les Français sont donc bien revenus vers elle, meilleur moyen de partager un programme en famille, mais c'est tout. Dans cette période où il fallait agir à rebours de la normale, la crise a sans conteste été aggravée par une crise de communication avec les erreurs de communication dite de « crise » : décisions contradictoires, porte-parole qui mentent et fournissent des explications successives inconciliables pour pallier la défaillance de l'État, recherche de boucs émissaires, opinion publique soutenant des explications ou des solutions alternatives, mises en accusation, difficultés à clarifier ce que sont le temps de la crise, les mesures prises et les perspectives de sortie. Jamais un tel sujet, encore moins scientifique et médical, n'avait occupé aussi longtemps une place aussi conséquente dans l'information généraliste. Une partie des médias aveuglés par la tentation du pire dans leur approche de l'épidémie ont été nombreux à ne mettre en avant que les faits qui confortaient leur opinion. Responsable de l'École supérieure du journalisme de Lille, Olivier Aballain, regrette que le traitement de l'information « *n'ait pas pu être fait correctement (...) il y avait trop de choses à traiter et trop peu de journalistes spécialisés en capacité de gérer ce flux d'information* ». De pandémie on est donc passés à infodémie.

Pendant ce temps-là, dans les hôpitaux, car ce sont eux les héros de la crise, la situation a aussitôt relevé de deux cadres contradictoires : on était en train de mélanger du banal et du grave : au début, on parlait de grippette et il y avait des cas graves... La difficulté de ce cadrage a été aggravée sans conteste par cette extrême médiatisation de la crise. L'APHP avait envisagé au début d'interdire toute communication pendant toute la durée de la crise, mais il a été impossible de s'en tenir à cette règle. Et on en a vu des experts en tout genre, même les plus capés, sur les plateaux de télévision, expliquer que la Covid n'était qu'une maladie bénigne, racontant qu'une épidémie de grippe peut tuer en France quelque 15000 personnes par an. La maladie n'était supposée toucher que les personnes très âgées ou celles présentant des comorbidités. Le mot « grippette » s'est alors répandu et expliquait une situation que le système de santé allait devoir gérer : une maladie sans graves effets sauf pour des personnes à risque. Pourtant, avec ceux qui arrivaient aux urgences, un autre cadrage est apparu très rapidement. Les infirmières urgentistes voyaient arriver des patients sur leurs deux jambes et assistaient à la dégradation extrêmement rapide de leur état de santé, pour finir par les intuber et les mettre sous respirateur. Dans les services de réanimation, les soignants échangeaient encore quelques mots avec des patients qui durant trois semaines ne seraient plus en état de parler. Ce cadrage contradictoire (mélange de banal et de grave), avec cette impossibilité d'un cadrage simple (ou bien une grippette ou bien Ebola) est l'une des caractéristiques majeures de la crise de la Covid-19... Même après la sortie de crise, cette dimension est toujours mal comprise. La Covid-19, relève en fait, d'un cadrage contradictoire, elle peut être à la fois une maladie banale et une maladie grave. Pour les acteurs en charge de la crise, l'extrême médiatisation n'a pas facilité les choses. Les plateaux de télévision ne se prêtant pas à l'incertitude et à la pédagogie. Souvent, les scientifiques et les médecins ont mélangé leur parole scientifique avec d'autres considérations. Dès lors, la crise a sûrement aggravé, la difficulté de l'articulation entre la science et les médias : la pression médiatique a été néfaste pour tout le monde. On a vu des publications prématurées, non contrôlées par un comité de lecture. Certains se sont exprimés sans avoir de données solides et ceux qui auraient dû s'exprimer ne l'ont pas fait...

Les médias doivent cesser leurs invitations irresponsables : cette crise a rendu manifestes les tensions entre les logiques scientifiques et les logiques médiatiques. En temps de crise sanitaire, la notion de responsabilité au sein des médias continue à prendre tout son sens, car les informations partagées ont un impact important : un seul article ou un seul reportage ne changera pas la face de la pandémie, mais cette même information reprise et répétée, génère une amplification. Des études scientifiques peuvent être mal comprises au début et à force d'être répétées et diffusées de manière tronquée, générer une idée reçue, il en a été ainsi pour la mutation du coronavirus qui a souvent été mal présentée. Or, chaque idée reçue, chaque fausse information, chaque discours fallacieux représente un risque supplémentaire pour les vies humaines et pour le personnel soignant, en trompant ou en ajoutant du flou à la situation. Il en est de même pour les personnes mises en avant ou non et le récit qu'ils ou qu'elles portent.

C'est un devoir journalistique de ne pas laisser se répandre des discours exprimant des opinions personnelles déconnectées de toute information vérifiée ou bien des discours antiscientifiques par des personnes largement contestées par le reste de la communauté. Et pourtant nombreux sont ceux qui ont été largement valorisés au travers de tribunes et d'interview sur des plateaux télé. Pourquoi continuer à inviter des pseudo-experts ou interviewer dans les hôpitaux des aides-soignants, indispensables certes, mais qui n'ont pas la qualification pour accomplir un geste médical (10 mois de formation), des rhumatologues, voire des néphrologues (où est le rapport ?) qui se sont vu pousser des ailes et ont continué à vouloir faire le buzz sur les réseaux… Des acteurs, des chanteurs ont aussi été invités à donner leur avis sur des sujets scientifiques : l'influence de ces gens est énorme et les inviter à s'exprimer sur un sujet scientifique qu'ils ne maîtrisent pas n'a pas de logique et est dangereux. Mais… les personnalités scientifiques représentent un enjeu plus complexe. La science se forge dans des confrontations de points de vue, sur des recherches parfois contradictoires et des désaccords, qui doivent rester dans un cadre professionnel et ne pas s'étaler sur les plateaux, mais certainement pas sur des opinions infondées. Les rassuristes et désinformateurs ont été un problème structurel dans la gestion de la crise sanitaire. Dans un contexte où la santé est en jeu et le quotidien des soignants aussi, des marchands de fausse réalité ne doivent pas être invités ou alors être contredits en étant systématiquement mis face à des scientifiques aux compétences avérées ou à des journalistes scientifiques. C'est un métier ! La science procède par un processus d'essais et d'erreurs. Comme l'explique Nicolas Martin, producteur et animateur de la Méthode scientifique, une chronique quotidienne dédiée à l'épidémie dans la matinale de France Culture : « *En science, on dit toujours peut-être* » ou « *jusqu'à preuve du contraire* ». Dans les chaînes d'information généralistes, on n'a pas cette prudence et les messages erronés ou approximatifs passent en boucle, et malheureusement une erreur répétée peut rapidement prendre l'apparence d'une vérité...

Celui qui parle bien et qui est à l'aise à la télévision n'est pas forcément le scientifique ou le médecin le plus compétent. Pourtant, ils ont défilé, les articles consacrés à des médecins stars et dans des revues de plus en plus grand public au fil des semaines genre Gala, Voici... La prise de parole officielle n'a pas répugné à se trouver mêlée à celle des polémistes les plus médiocres, sur des chaînes où l'excès est plus continu que l'information… La société s'est retrouvée malgré elle, soumise à une véritable mécanique addictive dans laquelle la permanence de l'information maintenait sous perfusion une population, en quête de savoir en ces temps incertains… « *Toute prise de parole d'un corps de métier aux lourdes responsabilités devrait être soumise encore plus que d'ordinaire à une déontologie stricte* », selon le site médical Whatsupdoc-le-mag. Si cette déontologie existe, concernant la responsabilité médiatique des médecins, elle est claire et imparable, selon eux « *La parole d'un médecin qui s'adresse à une population, bien entendu, lorsqu'il la prend dans le cadre de sa fonction, est soumise à la même exigence d'éthique et de transparence que n'importe quel autre de ses actes. À savoir entre autres, des devoirs d'information de son patient, comme du public, mais aussi de veiller à l'utilisation qui est faite de son nom, de sa qualité et de ses dires (...)* ».

Chaque mot de l'article R.4217-13 du code de santé publique (article 13 du Code de déontologie médicale) devrait interpeller :

« *Lorsque le médecin participe à une action d'information du public à caractère éducatif, scientifique ou sanitaire, quel qu'en soit le moyen de diffusion, il ne fait état que de données confirmées, fait preuve de prudence et a le souci des répercussions de ses propos auprès du public. Il ne vise pas à tirer parti de son intervention dans le cadre de son activité professionnelle, ni à faire bénéficier des organismes au sein desquels il exerce ou auxquels il prête son concours, ni à promouvoir une cause qui ne soit pas d'intérêt général* ». Effectivement, la prise de parole, vectrice de savoir et donc source de pouvoir, a une portée incalculable et dès qu'elle s'exprime dans un espace médiatique, il ne s'agit plus d'un échange entre journalistes ou confrères, mais avant tout de l'émission d'un propos en direction d'un récepteur invisible, mais bien réel. La visibilité ne sert à rien, voire est contre-productive si elle est inaudible, l'installation de la crise sanitaire dans la durée au lieu d'avoir apaisé le phénomène, semble l'avoir emballé. L'immunologiste américain Anthony Fauci, conseiller du Président, a cité récemment trois aspects importants de la communication scientifique pour obtenir la confiance de la population. Ces trois facteurs sont étonnamment facilement vérifiables avant, pendant et après une interview et sont cruciaux pour jauger en tant que média si quelqu'un a la légitimité à être invité ou réinvité :

- S'appuyer sur les faits et les données réels ;

- Dire qu'on ne sait pas ;

- Avoir pour objectif de se faire comprendre (et non de faire le buzz).

La transformation vers une plus grande responsabilité scientifique des médias est toujours possible, notamment en renforçant les équipes de journalistes scientifiques ou en cherchant au moins à se rapprocher d'une logique plus scientifique dans le traitement de l'information. Mais cette crise Covid, changera-t-elle les choses ? Alors que nombre de grands sujets ayant émergé ces dernières années sont liés aux sciences : dérèglement climatique, protection de l'environnement, pesticides, les médias n'ont pas fait l'effort de se doter de compétences sur ces enjeux. Pour Frédéric Tournier, responsable de l'information à l'ESJ de Lille : *« un regain d'intérêt ou d'attention pour les journalistes scientifiques me semble peu probable (...) je ne pense pas que cela soit une priorité pour les décisionnaires dans les médias ».* Si la science aujourd'hui, semble plus que jamais vitale pour comprendre notre monde, rien ne garantit qu'elle bénéficiera de plus d'attention médiatique, elle se trouve dans une sorte de « ghetto journalistique », limitée à quelques pages dans les quotidiens séparées du reste de manière étanche ou limitée à quelques magazines...

Certes, la pandémie a pris une ampleur mondiale, mais pour autant le monde ne s'est pas arrêté de tourner et de nombreuses autres actualités auraient mérité une juste place. Chacun d'entre nous a pu mesurer combien une information peut déstabiliser, inquiéter, parfois mener à changer d'attitude. Ce débat est d'ailleurs bien antérieur à la crise sanitaire actuelle, certains théoriciens des sciences de l'information, considérant que les médias avaient des effets puissants sur la population, se sont penchés sur le problème dès les années 60. Deux chercheurs américains, Mc Combs et Shaw, ont développé en 1972, la théorie de « *l'agenda setting* » qui suggère que les médias ont le pouvoir de « fixer l'ordre du jour ». Ces chercheurs ont démontré par leurs études que les médias en choisissant de traiter un sujet, le mettent à l'ordre du jour et participent ainsi à la construction de notre vision du monde. Autrement dit, s'ils ne nous disent pas nécessairement quoi penser, ils sont ceux qui nous disent à quoi penser et quels sont les sujets méritant notre attention. Ils ont aussi démontré le lien de corrélation existant entre l'importance que les médias accordent à certains sujets et la perception qu'ont les citoyens de l'importance de ces sujets. C'est ainsi que la pandémie s'est positionnée comme un *« blast »* (explosion) étonnant, qui s'est éternisé pendant des mois. Mais… dès septembre 2021, la situation épidémique s'apaisant, les sujets se sont aussitôt emballés autour des futures législatives et quid de la Covid… Et, « l'affaire » Palmade, un toxicomane notoire, à désintoxiquer et cadrer d'urgence, au lieu de bassiner la population de ses frasques (fastes), a pris le relais début 2023. Loin d'ailleurs, de donner une bonne image du show-business et apparentés et ils sont nombreux dans le lot. On peut bien comprendre que certains, font désormais de l'information et de la manière de la diffuser, une arme. Certes ! Mais il n'y a plus d'éthique ni de neutralité dans l'information grand public. Or, quand on connaît les propriétaires des médias nationaux, audiovisuels et papier, couplés à ceux des Instituts de sondages dont on nous bassine quotidiennement et les manipulations médiatiques derrière la dernière législature, on sature d'avance…

Aussi plus de télévision et de prises de tête pour moi, simplement ma propre revue de presse… Les chamailleries sur les réseaux avec quelques confrères ou amis médecins spectateurs comme moi de la dérive actuelle, sont bien plus agréables, objectives et reposantes !

## 20. Des leçons à tirer d'urgence

Un seul virus, le SRAS-CoV2 a donc plongé le monde entier dans un désastre sanitaire, socio-économique et politique, dont les effets à moyen et long terme risquent d'être terribles. Un virus respiratoire qui bénéficie par sa dissémination d'une mortalité faible, mais nettement plus élevée chez les personnes âgées et celles atteintes de maladies chroniques et d'une contagiosité très forte. De plus, au-delà de la mortalité directe, l'impact sanitaire global, dont en particulier les défauts de prise en charge des autres maladies, sera certainement très important. Sans omettre que l'on oublie souvent de prendre en compte dans ce bilan la sévérité d'une infection qui a conduit beaucoup de personnes, dont des jeunes en réanimation, et qui leur laisse des traces persistantes après plusieurs mois. Le problème des « Covids longs » va aussi se poser progressivement....

De façon plus générale, la Covid-19 illustre malheureusement très bien le fait que les maladies infectieuses et en particulier virales restent et resteront une menace constante pour l'homme. Cette crise constitue, peut-être même, le début d'un âge sanitaire caractérisé par le développement de pandémies et une forte prévalence de maladies chroniques. La conjonction des deux phénomènes peut avoir des effets catastrophiques lorsque les pathologies chroniques rendent plus vulnérable comme dans le cas de la Covid-19. Le rapport hebdomadaire de Santé publique France du 29 avril 2021 révélait en effet que 65 % des personnes décédées étaient porteuses d'au moins une comorbidité. Mais, si cette pandémie a été perçue avec effroi par la communauté internationale, elle n'était pas non plus totalement imprévisible. L'apparition d'épidémies provoquées par d'autres virus, largement d'origine animale, semble aujourd'hui inévitable. Notamment, en raison de l'augmentation des contacts entre l'homme et des espèces animales auxquelles il n'avait pas été confronté auparavant. Cela est d'autant plus dramatique que nous le savons et que les causes de la pandémie actuelle n'ont rien d'un coup du sort. Elles sont directement liées à notre manière de vivre, à notre rapport au vivant et au système économique dans lequel nous sommes inclus, car il s'agit aussi d'une crise écologique. Même si les causes originelles précises restent méconnues, le virus est né de la voracité de l'économie et des déforestations massives qui ont bouleversé le partage du territoire entre les animaux et les humains. Sans changement radical de notre rapport à la planète, d'autres drames sanitaires sont inévitables. Le coronavirus n'est qu'un signal d'alerte. Sans transformations, nous subirons d'autres monstres autrement plus violents que la Covid-19, car sur le front microbien nous n'avons encore rien vu. Une armée de virus nous attend dans le pergélisol. Un nid de virus s'épanouit également dans les élevages industriels, etc. En fait, la Covid aurait dû permettre de prendre la mesure de ce qui nous est arrivé et de nous préparer à la suite, mais force est de constater qu'il n'en est rien, les gouvernements tergiversent ou font l'autruche. La destruction de la forêt tropicale est en hausse de 12 % en 2020, selon *Global Forest Watch* tandis que l'Amazonie disparaît sous les feux largement volontaires. Dans la lutte contre le réchauffement climatique, cela dérape aussi, de nombreuses études montrent pourtant l'interaction entre la Covid-19, le changement climatique et l'accroissement des pollutions. C'est dans ce cadre que l'OMS avait déjà envisagé dans sa liste des maladies prioritaires « *une épidémie internationale causée par un pathogène actuellement inconnu* ». Malgré cela, il faut bien constater qu'à l'échelon mondial, la préparation face à l'émergence progressive de la pandémie est loin d'avoir été optimale. « *Si la première année de pandémie a été définie par un échec collectif à prendre au sérieux la préparation et à agir rapidement sur la base de la science, la deuxième a été marquée par de profondes inégalités et un échec de nos dirigeants à comprendre notre interdépendance et à agir en conséquence* », selon le *Global Preparedness Monitoring Board* (GPMB). Cet organisme indépendant, géré par l'OMS et la Banque mondiale, dénonce dans un rapport publié à Berlin, les échecs persistants de la réponse mondiale à la pandémie. Sa conclusion : la pandémie a révélé un monde « *inégal, divisé et irresponsable* ». Compte tenu de la surmortalité liée directement et indirectement à la Covid-19, l'OMS estime que le bilan total des décès pourrait être deux à trois plus élevé. « *Honte profonde* ». Sur plus de six milliards de doses de vaccins administrées dans le monde, seulement 1,4 % a concerné des habitants complètement vaccinés dans les pays pauvres, a annoncé début octobre 2021 le chef de l'OMC. La GPMB déclarait en 2020 que la pandémie avait révélé à quel point le monde s'était peu préparé à de telles catastrophes, malgré les avertissements selon lesquels de grandes épidémies étaient inévitables. Des questions majeures se dessinent donc aujourd'hui concernant les défauts de préparation et les enjeux de coordination des grandes institutions. Car l'absence de scénario anticipant l'ensemble de l'impact d'une pandémie virale avec ses conséquences psychologiques, sociales, démocratiques et économiques ainsi que politiques, s'est partout fait cruellement ressentir. La Covid-19 restera dans la mémoire, comme un tournant de l'Histoire : l'engorgement des systèmes sanitaires, le manque de matériel et de médicaments pour les soignants et la perspective de difficultés économiques que les futures générations auront à payer. La pandémie nous a donc brutalement rappelé que les menaces qui pèsent sur l'humanité sont de plus en plus globales. Les pandémies, la perte de la biodiversité ou encore le traitement des déchets ne pourront être absorbés que si toutes les nations agissent de manière coordonnée et unie. Combien de jets privés à la Conférence sur le climat de Glasgow en novembre 2021 ? Ils n'ont toujours pas compris ou plutôt ne veulent pas, car ça met à mal leur système, mais on y mange bien ! C'est tout ce qui semble en être sorti en pleine crise sanitaire. L'excellent état de préparation des nations asiatiques était la conséquence directe de la gestion des épidémies précédentes.

Cette crise nous aura donc montré à quel point la science est importante. Les pays et les nations qui ont écouté les scientifiques ont compris la menace et mis en œuvre des mesures énergiques dès le début et fait baisser les taux d'infection plus rapidement. Ceux qui, comme la France, ont traîné et mis en œuvre des demi-mesures par manque de matériel et de préparation doivent déplorer plus de victimes. L'importance du diagnostic pour le contrôle des maladies infectieuses, globalement sous-estimé, illustre qu'il faudra définir des approches beaucoup plus rapides et efficaces pour faire bénéficier la population des progrès technologiques en ce domaine. Le contrôle des pandémies passera aussi en partie par notre capacité à surveiller en temps réel la contamination, d'informer et d'éduquer. Tout comme, il est impératif de renforcer la formation et le recrutement des virologues. La Covid-19 souligne également, la nécessité d'une collaboration scientifique internationale et indépendante, ce qui implique de nouvelles modalités d'organisation de la recherche. Si nous faisons face à une grave crise sanitaire, il s'agit aussi d'un changement d'époque dont il faut tirer les conséquences malgré les vaccins à ARNm, afin de s'adapter à une pandémie en passe de durer et au risque fort de nouvelles pandémies à venir. La question de la distribution rapide de nouveaux vaccins ou médicaments dans le monde reste également cruciale, à moins d'initiatives gouvernementales comme celle de permettre en cas d'urgence, la fabrication de produits de santé par d'autres firmes que celles qui en sont à l'origine.

Quant à la France macronienne, aucune leçon ne semble avoir été tirée de l'épreuve-traversée. Si Macron, disait en mars 2020 vouloir « *tout changer* » et être prêt à se remettre en question (rien que ça !!) en prônant des jours heureux tout en affirmant qu'une certaine idée de la mondialisation était morte, les beaux discours se sont vite évaporés. La pandémie est devenue un mode de gouvernance et ledit Macron a joué les administrateurs du désastre. Il a même dit être devenu « *un président épidémiologiste* ». Certes, l'ENA mène à tout, on l'a bien vu avec le démantèlement de l'hôpital, et, sûr de lui : « *il n'a aucun mea culpa à faire, aucun remords, aucun constat d'échec* ». D'un côté, on bombe donc les torses, de l'autre, on compte nos morts. Aucune leçon n'a été tirée de cette impréparation et de cette inadaptation et il en sera ainsi jusqu'au bout. Seule réussite notable du gouvernement actuel sur le sujet : au début de la crise, il s'est fait condamner par l'UE sur la pollution de l'air. Il a également été acculé en justice par l'Affaire du siècle et jugé pour inaction climatique. Il s'agit de regarder l'action de Macron, depuis le début de son premier quinquennat, il a pris 89 mesures néfastes sur l'écologie… Ce gouvernement s'enferre dans une logique gestionnaire, avance à vue, sans vision, sans horizon… après moi le déluge !

Si nous avons été si vulnérables à la Covid-19, c'est aussi du fait de notre mode de vie et de l'explosion des maladies chroniques depuis plus de vingt ans. Une épidémie en cache donc une autre, mais rien n'est fait pour en limiter l'ampleur. En réalité, derrière le SRAS CoV 2, se cache un virus bien plus sournois : l'allégeance de nos gouvernements à la loi du marché qui les pousse à fermer des lits d'hôpitaux, à démanteler le service public de la santé et à ne pas agir sur l'environnement et la prévention. Ce gouvernement est une tare, sa gestion de la crise nie notre humanité, notre intelligence tandis que la loi de l'économie de marché continue de s'imposer sans discussion… Pire, le cauchemar pandémique est devenu un cauchemar politique : il n'y a qu'en temps de guerre que les États occidentaux ont le pouvoir de décision qu'ils détiennent aujourd'hui tandis qu'en politique, c'est le retour du monde d'avant. Pourtant, une réforme de notre système de santé paraît incontournable. En France, ce sont d'énormes administrations désorganisées et concurrentes, tellement nombreuses qu'on ne pourrait pas en dresser la liste intégrale. Les sangsues se sont multipliées depuis une trentaine d'années inondées de taxes ruineuses et d'emprunts nationaux. Elles ont imposé leurs modèles bancals au gré des fantasmes d'un pouvoir central obnubilé par sa seule survie politique. Pourtant, la France pourrait disposer d'un excellent système de soins, car les dépenses pour la santé représentent une part de la richesse nationale plus élevée que la moyenne des autres pays développés, et ses médecins sont toujours parmi les meilleurs au monde. 12 % du PIB sont utilisés pour la seule consommation de soins et biens médicaux, les honoraires médicaux ne représentant que 10 % de ces dépenses. Malgré tout, cela va de plus en plus mal. La suradministration, la multiplication des normes, des agences et des lois santé sont quelques exemples de défis à relever face à des soignants exaspérés. Un bouleversement profond de tout le système est inéluctable. Le personnel soignant a longtemps résisté, sous-payé et déconsidéré, mais là, il craque. Les médecins libéraux, eux, sont incapables de s'organiser, les réglementations ont été multipliées quand partout ailleurs dans les pays développés, le secteur privé est autorisé à mener sa barque. Ils se sont infligé des études de médecine à rallonge tous ces énarques et ronds de cuir qui n'y connaissent rien ? En tout cas, ce n'est pas eux que j'irai voir pour me faire soigner alors que hors des tableaux Excel, ils n'ont pas la moindre idée du fait qu'on est nombreux à être bien contents de trouver un médecin rapidement alors que les rendez-vous s'allongent d'année en année quand nos médecins ne sont pas remplacés… Pourtant la maladie, n'attend pas… Cela dépasse l'entendement : on nous laisse mourir ! Les généralistes, eux, ont doucement été amenés à jouer le rôle d'intermédiaires entre patients et administrations, à remplir de la paperasse et à honorer les formalités dont ils sont submergés. Les spécialistes pressurés ont vu croître les obligations et les procédures alors que leurs tarifs stagnaient ou diminuaient. Et les vœux à la santé 2023 ont sidéré la profession… Le Collectif médecins pour demain, créé en septembre 2022 sur les réseaux sociaux, a été à l'origine d'un mouvement de colère inédit au sein de la profession qui notamment demande la hausse du tarif de la consultation face à une inquiétude grandissante rapportée sur les réseaux, quant à la dégradation du système de santé. Les promesses de Macron : la création de 10000 assistants médicaux d'ici fin 2024. Une meilleure rémunération des médecins de ville à condition qu'ils assurent une permanence des soins via des gardes et la prise en charge de nouveaux patients genre « donnant-donnant » et j'en passe. Beaucoup se sont sentis méprisés par ces tours de « passe-passe », car ils attendaient beaucoup plus. Au lieu de renforcer l'attractivité des médecins libéraux pour améliorer l'accès aux soins, Macron n'a parlé que délégation des tâches et plus de pouvoir administratif…. Alors, effectivement et en toute logique même si le métier d'Infirmier en pratique avancée (IPA), à une réelle plus-value dans certains contextes ou sous la supervision d'un médecin, c'est quand même au médecin de choisir les tâches qu'il leur délègue.... Donc, sous prétexte d'un manque de médecins, on confère des compétences médicales à des paramédicaux… C'est-à-dire qu'on a rallongé les études des généralistes et qu'on autorise un infirmier qui n'a pas fait d'études de médecine à remplir les missions d'un médecin… Or, toutes les pathologies doivent être prises en charge en premier par un médecin qui aura mis dix ans à apprendre ce qui est bénin ou ce qui ne l'est pas, sinon c'est une perte de chance pour le patient qui peut avoir des conséquences dramatiques. Malgré une grande mobilisation des médecins de ville descendus dans la rue, la loi Rist a été adoptée au Sénat puis votée le 19 mai 2023 et ce projet « d'amélioration de l'accès aux soins », fait donc la part belle aux paramédicaux. Il permet notamment aux IPA d'avoir un accès direct au patient et leur accorde un droit à la primo-prescription dans le cadre du traitement des plaies. Accès cependant restreint aux maisons de santé, centres de santé, équipes de soins spécialisés et primaires. Désormais, ces IPA incluront l'ensemble des infirmiers spécialisés comme auxiliaires médicaux en pratique avancée. Kinésithérapeutes et orthophonistes pourront eux aussi avoir un accès direct aux patients, mais uniquement dans des structures coordonnées. À cela, il faut ajouter, le lancement de l'expérimentation pendant un certain temps, des prélèvements cervico-vaginaux par des pharmaciens biologistes, et puis quoi ! De plus, certaines catégories de personnes, listées par un arrêté du ministre chargé de la santé, pourront réaliser l'ensemble des tests de dépistage. (…). La loi Rist outrepasse donc le simple accès direct aux IPA, en desserrant l'étau autour de certains paramédicaux pour leur permettre de prescrire. Tout pour anticiper une baisse drastique de la démographie médicale dans les années à venir, disent-ils… Merci les énarques pour le *numérus clausus* et la tiers-mondisation de la médecine de ville. Bonjour la casse ! Comme on a vu pour la Covid… ça ne les dérange pas ! Quant au « donnant-donnant », c'est-à-dire « travailler plus pour gagner plus », avancé par la Caisse nationale d'assurance maladie (CNAM) et jugé trop exigeant par les médecins estimant avoir déjà assez donné, presque tous les syndicats ont refusé de signer le projet de Convention médicale, certains syndicats proposant même un déconventionnement massif. En l'absence d'accord, la désignation d'un arbitre, chargé de rédiger une convention minimale après consultation de l'ensemble des parties a fait office de convention pendant deux ans. Ce qui a finalement accouché d'une souris : soit, 1,50 € d'augmentation par consultation pour les généralistes à l'automne 2023 ! Dès lors, dans tout ce fatras, les patients ne s'y retrouvent plus, implorant des soins dans des zones désertées ou peu desservies, forcés à payer toujours plus quand la soi-disant meilleure assurance santé du monde rembourse toujours moins et pourquoi ? Les seuls bénéficiaires actuellement de cet état de fait sont les Big Pharma. Et quelle bonne blague d'ailleurs, quand on sait que 60 % des frais médicaux entre 20 et 60 ans concernent dents et optique et ne sont aucunement pris en charge ou attention à l'esbroufe, car nos mutuelles devenues exorbitantes en trois ans, et pour ceux qui ont la chance d'en avoir encore une, paient largement les frais du fameux 100 % santé, du Ségur de la santé et de la stagnation du plafond mensuel de la Sécurité sociale entre 2020 et 2022. On assiste, ni plus ni moins à une paupérisation galopante de tout ou partie de la population. De rustine en rustine, le système s'est détérioré de toutes parts avant de céder, terrassé par un virus. Des services entiers ferment par manque de personnel et en ce début 2023, faute d'effectif soignant, on parle encore de fermer plus de cent maternités, car il serait illusoire de soutenir celles qui réalisent moins de 1000 accouchements par an. Soit 20 % des maternités en France. C'est-à-dire qu'en province, on devra désormais accoucher sur l'autoroute. Les soignants ne sont quand même pas des animaux d'abattoir, ils ont aussi une vie privée, une éthique et l'amour profond du métier… Alors pourquoi partent-ils ?

Comment mettre fin à la longue liste des maux de l'Hôpital pour éviter le *burn out* total alors que paradoxalement, les 1300 établissements publics ont réussi l'exploit d'accueillir 84 % des hospitalisations de patients Covid avec une grande réactivité et beaucoup d'inventivité début 2020 ? Il s'agit de se demander pourquoi et comment cette belle énergie déployée au début de la pandémie, s'est évaporée. Le contrecoup est énorme : démissions de personnels en cascade, vacances de postes médicaux et paramédicaux de plus en plus longues, fermetures de lits et désormais de blocs opératoires, urgences débordées… Est-il possible de soigner l'Hôpital sans repenser le soin dans sa globalité ? Si la crise a vu se résoudre dans l'urgence des problèmes matériels, cette prodigalité en matière de moyens matériels et humains, ainsi qu'une certaine liberté d'organisation ont fait long feu. On verra bien pour la suppression de la T2A et le binôme administratif promis... Mais, passé les deux premières vagues, aucun des problèmes de l'Hôpital qui précédaient la crise n'avait été réglé et des promesses électoralistes avaient déjà été faites... Les dysfonctionnements qui existaient avant ont non seulement perduré après les premières vagues, mais ils se sont amplifiées puisqu'il faut désormais faire face à d'énormes problèmes en ressources humaines. Cette épidémie a pourtant clairement établi aux yeux de tous, la place capitale de l'Hôpital public au sein de la société, c'est un bien commun, qui nous appartient à tous, et cela sous-entend que l'on doit tous se battre pour que cela aille mieux. Il ne s'agit pas de voir l'Hôpital par le petit bout de la lorgnette, mais de le repenser de façon globale. En clair, il s'agit de revoir tout le système de santé pour faire face aux défis de demain que sont la très grande précarité, la vieillesse, les migrants, les épidémies, etc. Il est important qu'il y ait une bonne articulation du social, du médical, du soin ambulatoire et des soins hospitaliers, ce qui sous-entend de réinventer le système de santé en entier. Si l'attractivité passe par de meilleurs salaires, elle passe aussi et indéniablement par une amélioration de la qualité de vie au travail des soignants. Beaucoup de questionnements éthiques sur le droit des patients au sens large ont aussi émergé pendant la pandémie, le dialogue avec les patients et les représentants des usagers constitue donc et aussi une voie pour faire évoluer l'Hôpital. Pourtant, refonder le système de santé et l'Hôpital sera difficile, car l'économie menace de s'effondrer. Le Ségur de la santé a été un mirage, car piloté par ceux qui depuis plus de 20 ans sont à l'origine de cette crise... Ce n'est pas une augmentation de 200 euros en moyenne qui aura changé les esprits, car les personnels sont à bout. Et pourtant, rien n'a été fait durant 2021 pour préparer les hôpitaux à ces vagues consécutives : pas de recrutements, car pas assez de candidats, pas d'étudiants formés en fin de cycle aux gestes de base en réanimation après les vagues précédentes, il manque toujours 6000 lits en service de réanimation. La haute administration a encore une fois paralysé toute la chaîne de soins. Un État centralisateur dirigé par des énarques ne peut pas comprendre qu'il faut laisser les soignants faire leur métier. À dix-huit heures, ils rentrent chez eux ignares, mais satisfaits de leurs statistiques. Les grèves et manifestations restées sans effet en 2019 avant la pandémie ont repris avec les infirmières et les internes et se poursuivent. Oui, ils veulent faire le maximum pour nous, mais qui les soutient ? Triste la France de M'Bappé…

Il a aussi été très compliqué d'organiser la prise en charge des malades de la Covid en dehors de l'hôpital. Dans les problématiques à traiter en priorité, l'organisation de la médecine de ville figure donc en bonne place. Outre les liens entre médecine de ville et hôpital, ce sont aussi les connexions entre hôpitaux privés et publics qui doivent être renforcées et fluidifiées pour faciliter une utilisation maximum des ressources. Tout est donc à repenser ! Début mars 2023, la Cour des comptes a saisi l'Académie de Médecine sur le « Problème des lits hospitaliers », lui demandant son expertise sur ce sujet ô combien chaud depuis.... au moins trois décennies ! D'un autre côté avec la crise de la Covid, le Ségur de la Santé et l'immobilisme du système, la Sécurité sociale a perdu sa soutenabilité financière. Pendant la crise, Macron a dépensé sans compter, mais rien fait pour lutter contre le gouffre financier de la fraude à la carte vitale. Les modes de financement et de remboursement devront être revus. Près de onze millions d'assurés ne peuvent pas s'offrir une complémentaire santé. Le reste à charge est l'un des plus bas du monde, mais de plus en plus de patients ont du mal à le financer. Notre système de soins basé sur la solidarité est en voie d'exploser.

Avec les risques sanitaires, nous sommes très certainement entrés dans une nouvelle ère, car d'autres pandémies sont menaçantes avec le réchauffement climatique et la surpopulation. Si un tel constat doit sans conteste amener à repenser les politiques de santé pour améliorer les capacités de résilience et d'adaptation, cela suppose non seulement des mécanismes de financement viables sur le long terme, mais aussi une gouvernance forte, capable de piloter le système de santé de manière efficiente. Il faudra, en effet, être capables de mobiliser dans un bref délai des personnels et des équipements dans des configurations inédites, tout en maintenant le suivi de la santé d'une population vieillissante et présentant des comorbidités plus nombreuses. *Pour cela, il est indispensable de créer une structure légère, une cellule de crise indépendante des pouvoirs politiques, et susceptible de répondre dans des délais très courts à des menaces sanitaires de toutes sortes, non seulement bactériologiques, mais aussi nucléaires, chimiques ou météorologiques.* La concentration sur un site stratégique d'équipes de spécialistes, de laboratoires de recherche biologique orientés vers le développement d'outils thérapeutiques et de lits d'hospitalisation permettant de mettre en œuvre rapidement des essais cliniques, devrait permettre d'éviter l'inaction catastrophique qui a caractérisé en France, la première année de la pandémie.

Par ailleurs, la crise sanitaire a eu des impacts majeurs sur le financement de notre système de protection sociale. Les déficits annoncés sont, en effet, de 30,4 milliards d'euros en 2020 et de 35,8 milliards d'euros en 2021. Notre capacité à agir va s'en trouver pénalisée pendant de nombreuses années. Le retour à l'équilibre des comptes sociaux paraît hors de portée. Un autre postulat, met l'accent sur la prévention comme moyen le plus efficace de diminuer la prévalence des maladies chroniques et de freiner la propagation des maladies infectieuses. La crise de la Covid a eu le mérite de mettre en avant les coûts astronomiques d'un défaut de prévention. En France, en 2018, la dépense en prévention santé était estimée à 1,8 % de la dépense totale de la santé. Une part bien inférieure aux autres pays de l'OCDE (2,8 %) loin derrière le Canada (6 %) et le Royaume-Uni (5,1 %). De plus, à ce faible montant, s'ajoutent l'absence de modèle d'évaluation financière et médicale, la fragmentation des acteurs, une absence de coordination des actions de prévention et donc une déperdition des moyens alloués. Si la crise Covid-19 a démontré l'efficacité des mesures de prévention, elle a aussi mis en avant les dangers d'un illettrisme sanitaire propice à la diffusion de fausses informations et à la propagation de théories complotistes. En particulier, on a pu mesurer comment les principes d'hygiène simples, les mécanismes de base de transmission des maladies, mais aussi la vaccination ne sont pas compris ou mal connus. En dernier lieu, la crise de la Covid nous a trouvés localement désarmés, dépendants de la Chine et incapables de passer à une « économie de guerre », faute d'infrastructures industrielles. Cette crise oblige à repenser la place de la France dans les chaînes de valeur internationales et à s'interroger sur ce qui a conduit à la rendre si dépendante de l'étranger. Il a fallu importer pour plus de 6 milliards d'euros de masques de protection et les services de réanimation ont manqué de respirateurs artificiels, car les fabricants étrangers, complètement débordés, ne pouvaient pas l'approvisionner. La population a appris avec stupeur que 90 % de nos médicaments sont produits en Chine ou en Inde, d'où une très grande dépendance à l'étranger. Une comparaison avec l'Allemagne est édifiante, au début des années 2000, les importations et exportations françaises et allemandes étaient au même niveau et s'équilibraient, qu'il s'agisse des composants pharmaceutiques, d'appareils médicaux ou d'équipements de protection. En 2019, l'Allemagne dégageait un excédent commercial de 20 milliards d'euros alors que la France est tout juste à l'équilibre. La délocalisation a donc atteint ses limites. La sécurité nationale connaît des impératifs qui nécessitent une planification minutieuse des réserves d'urgence et le maintien d'une certaine production locale. La production de produits cruciaux est stratégique pour faire face à des crises mondiales telles que les pandémies et le changement climatique.

Il faudra sûrement des années pour reconstruire une France exsangue, car mal administrée depuis trop longtemps par des gens ne se contentant de gérer que leur seule survie politique…

# Conclusion

Si la Covid a fait bouger les lignes dans le secteur des vaccins, traditionnellement dominé par quatre grands groupes : les Américains Pfizer et Merck, le britannique GSK et le français Sanofi qui concentraient prépandémie 90 % du marché en valeur, il y a un « avant » et un « après » Covid dans la pharma, soulignent les connaisseurs du secteur : *« Un marché qui représente 60 milliards de dollars s'est créé en 18 mois (...) et le gâteau est principalement réparti entre trois acteurs »*, explique Loïc Plantevin, expert santé du cabinet Bain&Compagnie. Parmi ces trois acteurs figure l'américain Pfizer qui était en 2020 le huitième laboratoire mondial en termes de chiffre d'affaires. La Covid a fait s'envoler ses ventes et on prévoit que le vaccin à ARNm développé avec la biotech allemande BioNTech leur permettra de se partager 36 milliards de dollars. La biotech américaine Moderna, qui n'avait jamais commercialisé un produit auparavant en dix ans d'existence, avait prévu, quant à elle, de toucher entre15 et 18 milliards de dollars en 2021, juste avec son vaccin à ARNm. On voit arriver face à eux des biotechs tels Novavax ou le français Valneva. Pour les traitements, aucune jeune pousse n'a réussi à faire sa place, tandis que les grands ne sauraient la faire seuls. Pour ceux qui ont réussi à sortir un produit, les revenus peuvent atteindre des milliards de dollars. Merck prévoyait ainsi jusqu'à fin 2022 jusqu'à 7 milliards de dollars de ventes pour sa pilule antivirale *molnupivarir*, qui n'a pourtant rien de miraculeux. Il reste à savoir si la technologie de l'ARNm qui était développée depuis des années sans succès majeur se montrera convaincante dans d'autres applications. BioNTech et Moderna auront donc une chance de rejoindre le club des Big Pharma en investissant cette manne d'argent dans d'autres indications médicales comme l'oncologie ou l'immunologie. Mais, si certains sortent grands gagnants, la pandémie ne semble pas avoir rebattu les cartes du secteur. Bien que des acteurs comme Roche, Novartis, Sanofi et GSK ne soient pas en première ligne des vaccins ou des traitements contre la Covid, il est difficile de dire qu'ils ont perdu, car, sur le marché des soins, cela n'a pas fondamentalement changé les choses. C'est ainsi que les hypertendus et les diabétiques se traiteront toujours. Toutefois, un autre élément pourrait venir jouer sur les revenus des sociétés pharmaceutiques, estime Loïc Plantevin « *Le coût sanitaire que représente la Covid va devoir être absorbé d'une manière et d'une autre et cela va créer une pression forte des autorités de santé sur les prix des traitements moins innovants* ». En attendant, le monde de la Bourse continue à tourner comme avant. Pourtant, tout miser sur les vaccins n'est pas si judicieux, car l'immunité est courte et les vaccinés restent transmetteurs. On assiste avec la pandémie à une crise économique et sanitaire qui va entraîner des bouleversements dont nous sommes loin de mesurer les conséquences à court et moyen terme. Un virus ne disparaît jamais : deviendra-t-il banal ou plus agressif ? Il faudra sans doute vivre des années avec la Covid. Si la science finissait par lui prendre le dessus, le retour à la vie comme avant ou en mieux est donc une hypothèse peu crédible. Il faudrait pour cela que le virus devienne aussi banal que la grippe ou que l'on découvre enfin le traitement des maladies virales ou un vaccin universel. Même si les vaccins actuels semblent être assez efficaces contre les mutants, d'autres variants vont prospérer, qui seront moins sensibles aux vaccins à ARNm… D'autres vaccins seront-ils sur le marché rapidement ? Seront-ils bien tolérés et efficaces ?

D'un autre côté, pour améliorer les capacités de réaction et de gestion du modèle socio-économique français face à une crise sanitaire d'ampleur, il faut impérativement se préparer aux prochaines crises en renforçant la santé publique (formation, recherche...), l'expertise scientifique (recherche en virologie et prévention du risque infectieux) ainsi que l'offre de soins (biologie, médicalisation des établissements d'hébergement pour personnes âgées dépendantes, traitement des données). Il s'agit également d'organiser un retour d'expérience et d'évaluer les impacts de la crise sur l'efficacité des réponses sanitaires et sociales. Cela consiste principalement à anticiper et favoriser la prise de décision, à partager les informations et coordonner les réponses au niveau international et européen, mais aussi à renforcer la santé publique ainsi que la vielle sanitaire et la prévention et l'expertise scientifique. Il s'agit aussi d'évaluer l'impact de la crise sur les personnes, d'améliorer la capacité de résilience économique, les morts à outrance, l'usure du système : on est saturés des pourcentages sur des tableurs Excel, des enquêtes à tout va et des numéros verts à outrance. On a dépensé sans compter en lorgnant les législatives avec l'argent public. D'aucuns ont tout compris… Sauf, que nous voulons autre chose : pensons à nos enfants et petits-enfants… Nous n'oublierons jamais que la France a été l'un des pays les plus affectés par la crise sanitaire avec 1332 décès par million d'habitants en pleine crise en 2020, beaucoup plus que la moyenne européenne (1092 décès par million). La crise a eu un impact sanitaire important sur toute la population, les conséquences sanitaires indirectes ne seront connues que dans quelques années… Pensons à tous ces décès Covid et hors Covid faute de moyens préventifs, de matériel et/ou de médicaments et d'anticipation écologique…

Il importera donc de réformer en profondeur l'hôpital, en redonnant le pouvoir médical aux médecins, pouvoir dont ils ont été exclus par une administration paralysante et proliférant sans cesse. La tarification à l'acte devra vraiment être supprimée. Un lien solide, mais souple devra être établi entre la médecine de ville et l'hôpital avec une meilleure coordination entre le privé et le public. La place du médecin généraliste et le rôle capital de la prévention devront être mis en valeur dans le cursus médical, et la prise en charge par la Sécurité sociale revalorisée. Enfin, de véritables actions incitatives, voire coercitives si nécessaire, devront être mises en place pour que l'industrie du médicament retrouve le sens de sa mission : contribuer à la santé des citoyens, sans pour autant aller jusqu'à une nationalisation qui paralyserait totalement le système.

Les énarques ont de quoi réfléchir !

# Table des matières

**Deuxième partie : au pays des « Lumières... »...**

*L'alarme ou la leçon ?*

# Bibliographie


https://www.publiceye.ch/fr/thematiques/medicaments/big-pharma-le-profit-a-tout-prix

https://www.humanite.fr/pfizer-astrazeneca-moderna-un-systeme-daccaparement-de-la-recherche-et-de-largent-publics-701535

https://alencontre.org/ameriques/americnord/usa/etats-unis-le-monde-de-la-big-pharma-et-sa-recherche-sur-les-vaccins-et-les-antiviraux.html

https://www.cairn.info/revue-savoir-agir-2011-2-page-13.htm

Abecassis Philippe, Coutinet Nathalie. Les transformations du modèle de l'industrie pharmaceutique. CEPN, mars 2014 ; n° 4

Le Galès Catherine, Pourquoi les nouveaux médicaments sont-ils si chers ? https://www.ipubli.inserm.fr/bitstream/handle/10608/9776/MS_2018_04_

Pharma.be et Pfizer dans le registre des lobbystes du parlement : le PTB exige la transparencehttps://d3n8a8pro7vhmx.cloudfront.net/pvdaptb/pages/1980/attachments/original/1622716032/210602_LobbyBigPharma-1.pdf?1622716032

Public Eye – Le Magazine n°12, juin 2018 (médicaments : des prix de malades)

Labrouche G., Big Pharma dans la course au vaccin anti Covid. 5/04/2021 https://sms.hypotheses.org/26943

https://revue-sesame-inrae.fr/vers-la-fin-dune-ideologie-dominante/

Gagnon M-A ; Pourquoi les médicaments sont-ils si chers ? La dérive d'un modèle d'affaires. Conférence-débat Pilule d'or Prescrire 2015

https://www.challenges.fr/entreprise/sante-et-pharmacie/corona-virus-la-course-au-vaccin-attise-la-guerre-des-labora-toires_703971

https://www.xerficanal.com/economie/emission/Philippe-Gat-tet-Vaccin-Covid-les-big-pharma-ramassent-la-mise-sans-rien-avoir-invente_3749338.html

Blaquières Maryse-Gilda ; Médocs ce qu'on vous cache, Ed. l'Harmattan. Décembre 2015

https://www.cairn.info/revue-l-expansion-management-review-2014-1-page-30.htm

https://www.medecinesciences.org/en/ar-ticles/medsci/full_html/2018/04/medsci2018344p354/medsci2018344p354.html

https://medcritic.fr/prix-des-medicaments-le-conte-de-fee-de-big-pharma/

https://revue-sesame-inrae.fr/payer-si-cher/

Médicaments et vaccins du covid-19 : gros sous et alliances gagnantes. La revue Prescrire ; tome 41, n°450, p. 23

https://basta.media/Les-Pharma-Papers-tout-ce-que-les-labos-pharmaceutiques-voudraient-vous-cacher

Institut Montaigne ; médicaments innovants : prévenir pour mieux guérir. Rapport septembre 2019

https://www.moustique.be/actu/2020/08/21/qui-sort-vainqueur-de-la-crise-les-big-tech-et-big-pharma-184829

https://information.tv5monde.com/info/covid-19-le%20gouver-nement%20britannique%20resilie%20les%20com-mandes%20du%20candidat%20vaccin%20de%20valnva

Barbet N., Valneva perd son contrat avec le Royaume-Uni-13/09/21 ; JIM.fr

https://lasanteauquotidien.com/coronavirus-covid-19/covid-19-5-futurs-vaccins-francais-bientot-prets/?utm_source=fox&utm_medium=email&utm_content=sante-quot-370

https://revenusetdividendes.com/vaccin-profits-dividendes-big-pharma-laboratoires/

In magazine ; n° 191 ; Mai-juin 2020

https://www.oxfamfrance.org/communiques-de-presse/covid-19-les-monopoles-pharmaceutiques-sur-les-brevets-font-artificiellement-gonfler-le-prix-des-vaccins/

https://revenusetdividendes.com/vaccin-profits-dividendes-big-pharma-laboratoires/

https://pharmanalyses.fr/ventes-de-vaccins-en-europe-pfizer-rafle-la-mise/

https://www.lequotidiendumedecin.fr/actus-medicales/medicament/vaccins-et-traitements-covid-pfizer-prevoit-54-milliards-de-dollars-de-ventes-en-2022? -

tps://www.vidal.fr/maladies/voies-respiratoires/coronavirus-covid-19/traitements.html

https://www.monde-diplomatique.fr/2021/03/PIERRU/62832 Les brevets, obstacle aux vaccins pour tous

https://pharmanalyses.fr/vaccins-anti-covid-19-faut-il-liberer-les-licences-des-brevets/

https://www.lemonde.fr/afrique/article/2022/02/18/l-afrique-face-au-covid-six-pays-africains-auront-leur-propre-production-de-vaccin-arnm

https://www.france24.com/fr/info-en-continu/20220218-six-pays-africains-auront-leur-propre-production-de-vaccins-%C3%A0-arnm

https://theconversation.com/covid-19-la-levee-des-brevets-sur-les-vaccins-remede-miracle-ou-mirage-160634

https://www.latribune.fr/entreprises-finance/industrie/chimie-pharmacie/levee-des-brevets-sur-les-vaccins-anti-covid-pourquoi-l-ue-et-la-suisse-freinent-885811.html

https://www.inserm.fr/actualite/vaccination-faut-il-suspendre-les-brevets/

https://www.monde-diplomatique.fr/2020/04/RAVELLI/61624
Une mine d'or pour les laboratoires

https://lejournal.cnrs.fr/articles/la-science-fondamentale-est-notre-meilleure-assurance-contre-les-epidemies

https://www.quechoisir.org/action-ufc-que-choisir-penuries-de-medicaments-devant-la-responsabilite-criante-des-laboratoires-les-pouvoirs-publics-doivent-sortir-de-leur-complaisance-n84943/ + synthèse de l'étude

https://www.francetvinfo.fr/sante/medicament/infographies-penuries-de-medicaments-un-phenomene-qui-prend-de-l-ampleur-decrypte-en-cinq-graphiques_4762875.html

https://www.force-ouvriere.fr/penurie-de-medicaments-une-course-a-la-rentabilite-au-mepris-de

https://basta.media/penurie-de-medicaments-relocalisations-production-publique-labos-pharmaceutiques#:~:text=au%20RSS%20

https://www.lesechos.fr/industrie-services/pharmacie-sante/sanofi-les-grands-projets-du-futur-specialiste-des-principes-actifs-1356385

https://www.bastamag.net/webdocs/pharmapapers/les-alternatives/comment-reduire-le-prix-des-medicaments-sans-rogner-sur-leur-efficacite-ni-provoquer-de-penurie/

https://basta.media/Covid-traitement-vaccin-industrie-pharmaceutique-monopole-brevets-chloroquine

https://cahiersdesante.fr/editions/37/propositions-pour-un-pole-public-du-medicament/

http://medicament-bien-commun.org/pole-public-du-medicament-et-appropriation-sociale

Pierre Fabre : rapport intégré 2020

https://www.leem.org/presse/medicaments-decoder-les-infos-pour-retablir-la-verite

https://www.usinenouvelle.com/article/bientot-separe-de-sanofi-euroapi-prevoit-580-millions-d-euros-d-investissements-dont-la-moitie-en-france.N1151267

https://www.issep.fr/derriere-la-crise-sanitaire-la-crise-hospitaliere-quelle-strategie-du-gouvernement/

https://www.academie-medecine.fr/lhopital-public-en-crise-origines-et-propositions/

https://www.contrepoints.org/2021/10/06/407734-l-etat-reste-omnipresent-dans-la-sante

https://www.lemonde.fr/planete/article/2020/10/26/cancers-infarctus-avc-ces-pathologies-victimes-indirectes-du-covid-19_6057437_3244.html https://www.collectif-inter-hopitaux.org/comm-press du 23 juillet 2021

https://www.egora.fr/actus-pro/hopitaux-cliniques/69625-absenteisme-demotivation-dans-les-hopitaux-un-lit-sur-cinq-est fermé faute de soignants. M.J. Le 27.10.2021

https://www.lemonde.fr/societe/article/2021/10/27/ Olivier Véran tente d'expliquer la fermeture de plus de 5700 lits à l'hôpital

https://basta.media/suppressions-de-lits-hopitaux-carte-suivi-fermeture-urgences

https://basta.media/comite-de-defense-des-hopitaux-et-maternite-acces-aux-soins-fermeture-hopital-desertification-des-centre-villes#: Kanebel R., 3 décembre 2012

Collectif Inter-Hôpitaux – Publications/Facebook

https://www.whatsupdoc-lemag.fr/article/les-racines-de-la-crise-de-lhopital

https://francais.medscape.com/voirarticle/3605729. Covid-19 : Macron rend hommage aux « héros en blouse blanche » et après ? Aude Lecrubier, 13 mars 2020

https://basta.media/comite-de-defense-des-hopitaux-et-maternite-acces-aux-soins-fermeture-hopital-desertification-des-centre-villes#:~:text=

https://www.lemonde.fr/societe/article/2020/03/31/coronavirus-les-medecins-inquiets-des-degats-collateraux-de-l-epidemie_6034977_3224.html

https://www.collectif-inter-hopitaux.org/comm-press 1er novembre 2020

https://www.contrepoints.org/2021/10/29/410088-voila-le-systeme-hospitalier-francais-secroule?utm_source=Newsletter+Contrepoints&utm

https://www.ouest-france.fr/politique/institutions/conseil-constitutionnel/acces-universel-le-conseil-constitutionnel-rejette-un-referendum-sur-l-hopital-b5143eb8-f6bf-11eb-896e-12a37d707994

https://www.hospihub.com/actualites/le-president-de-la-republique-a-devoile-son-plan-sante?utm_source=sendinblue&utm_campaign=Nouvel%20diteur%20newsletter_291&utm_medium=email

Gattuso C. ; Déçues par Macron, dix organisations annoncent une mobilisation printanière pour sauver l'hôpital public. Français Medscape ; 11 janvier 2023

https://www.cae-eco.fr/innovation-pharmaceutique-comment-combler-le-retard-francais

https://www.cae-eco.fr/le-cycle-de-vie-de-linnovation-pharmaceutique-le-retard-francais

http://www.senat.fr/rap/r20-708/r20-708-syn.pdf : refonder l'écosystème français et européen de l'innovation en santé ; 23 juin 2021

https://www.academie-medecine.fr/reformer-la-recherche-en-sciences-biologiques-et-en-sante-partie-i-le-financement/#:~:text=Rapport%2021%2D06.-,

https://www.academie-medecine.fr/plan-innovation-sante-2030-un-effort-budgetaire-un-risque-de-complexification-accrue-de-lorganisation-de-la-recherche/ 21 juillet 2021

V.R.S. (La vie de la recherche scientifique) ; n° 425, avril-mai-juin 2021 https://www.latribune.fr/economie/france/plan-d-investissement-france-2030-les-principales-annonces-de-macron-894194.html

Le système hospitalier français dans la crise Covid-19 : réactivité et créativité. Séminaire – les invités de l'École de Paris, 16 novembre 2020

https://www.numerama.com/sciences/661379-experts-et-coronavirus-les-medias-doivent-cesser-leurs-invitations-irresponsables.html

Covid-19 : une couverture médiatique sans précédent. Revue Politique et Parlementaire

https://www.whatsupdoc-lemag.fr/article/deontologie-et-mediatisation-des-medecins

https://larevuedesmedias.ina.fr/epidemie-Covid-19-avenir-journalisme-scientifique-sant%C3%A9%E2%80%93sciences

http://brunodevauchelle.org/2021/04/02/dans-quelles-guerres-sommes-nous-engages-a-lere-de-la-surmediatisation/ 2 avril 2021

https://mediafactory.audencia.com/covid19-une-epidemie-mediatique/

https://reporterre.net/Covid-19-cessons-de-tourner-en-rond-tirons-les-lecons

https://www.vidal.fr/actualites/27854-gestion-de-la-covid-19-quelles-lecons-en-tirer-a-l-echelon-international.html

https://www.medecinesciences.org/en/articles/medsci/full_html/2020/11/msc200346/msc200346.html : La pandémie due au SRAS-CoV-2 : plus qu'une grave crise sanitaire, un changement d'époque.

https://www.sciencesetavenir.fr/sante/le-monde-n-a-pas-tire-les-lecons-de-la-pandemie-de-covid-19-selon-un-rapport_158512

https://www.allnews.ch/content/points-de-vue/les-le%C3%A7ons-%C3%A0-tirer-de-la-crise-du-covid-19

https://www.jim.fr/medecin/debats/interview/edocs/medecins_pour_demain_les_vux_du_chef_de_letat_ont_consterne_la_profession__195798/document_interview.phtml, 20 janvier 2023

Cofard J. La loi Rist adoptée au Sénat malgré la colère des médecins ; Actualités Médicales par Medscape ; 16 février 2023

Gattuso C . Convention : unanimes, les syndicats de médecins libéraux rejettent le projet de l'assurance maladie ; Medscape , 28 février 2023

Mutuelle Audiens, lettre aux adhérents, janvier 2023

https://francais.medscape.com/voirarticle/3607831 Comment ré-inventer l'hôpital public ? Lavaud S. ; 1er décembre 2021

https://www.whatsupdoc-lemag.fr/article/un-rapport-de-lacademie-de-medecine-preconise-la-fermeture-de-111-maternites-dans-le-pays?fb. 1 mars 2023

https://www.contrepoints.org/2021/09/24/406343-covid-les-enjeux-du-monde-dapres

https://theconversation.com/debat-quels-enseignements-tirer-de-lepidemie-de-covid-19-pour-nos-politiques-de-sante-160339

Duqueroy V., COVID : « le virus est là pour rester », Benjamin Davido. Français Medscape ; 12 janvier 2023

https://www.vie-publique.fr/en-bref/279852-covid-19-gestion-de-la-crise-sanitaire-en-france

https://www.whatsupdoc-lemag.fr/article/covid-19-le-grand-chambardement-dans-la-pharma-pas-si-sur-disent-des-specialistes

## Structures éditoriales du groupe L'Harmattan


**L'Harmattan Italie**
Via degli Artisti, 15
10124 Torino
harmattan.italia@gmail.com

**L'Harmattan Hongrie**
Kossuth l. u. 14-16.
1053 Budapest
harmattan@harmattan.hu

**L'Harmattan Sénégal**
10 VDN en face Mermoz
BP 45034 Dakar-Fann
senharmattan@gmail.com

**L'Harmattan Cameroun**
TSINGA/FECAFOOT
BP 11486 Yaoundé
inkoukam@gmail.com

**L'Harmattan Burkina Faso**
Achille Somé – tengnule@hotmail.fr

**L'Harmattan Guinée**
Almamya, rue KA 028 OKB Agency
BP 3470 Conakry
harmattanguinee@yahoo.fr

**L'Harmattan RDC**
185, avenue Nyangwe
Commune de Lingwala – Kinshasa
matangilamusadila@yahoo.fr

**L'Harmattan Congo**
219, avenue Nelson Mandela
BP 2874 Brazzaville
harmattan.congo@yahoo.fr

**L'Harmattan Mali**
ACI 2000 - Immeuble Mgr Jean Marie Cisse
Bureau 10
BP 145 Bamako-Mali
mali@harmattan.fr

**L'Harmattan Togo**
Djidjole – Lomé
Maison Amela
face EPP BATOME
ddamela@aol.com

**L'Harmattan Côte d'Ivoire**
Résidence Karl – Cité des Arts
Abidjan-Cocody
03 BP 1588 Abidjan
espace_harmattan.ci@hotmail.fr


## Nos librairies en France


**Librairie internationale**
16, rue des Écoles
75005 Paris
librairie.internationale@harmattan.fr
01 40 46 79 11
www.librairieharmattan.com

**Librairie des savoirs**
21, rue des Écoles
75005 Paris
librairie.sh@harmattan.fr
01 46 34 13 71
www.librairieharmattansh.com

**Librairie Le Lucernaire**
53, rue Notre-Dame-des-Champs
75006 Paris
librairie@lucernaire.fr
01 42 22 67 13

www.ingramcontent.com/pod-product-compliance
Lightning Source LLC
LaVergne TN
LVHW021217061026
849535LV00008B/2781
*9782336407715*